ぼくは6歳、紅茶プランテーションで生まれて。

栗原俊輔──著
宇都宮大学国際学部准教授

スリランカ・農園労働者の
現実から
見えてくる不平等

合同出版

この本を読むみなさんへ

この本の舞台は、紅茶の茶葉の生産現場です。
茶葉をつんでいるのはどんな人たちなのだろう。
茶葉をつんでいる人たちはどんな暮らしをしているのだろう。
スリランカでだれかがつんだ紅茶が、
どうやって日本にいるわたしたちの元に届くのだろう。

紅茶だけの話ではありません。
洋服も、バナナも、チョコレートも、食用油も……。
わたしたちの暮らしは、世界中の生産者のおかげで成り立っています。
苦しみや悲しみの汗をかきながら働く生産者によって、
わたしたちの暮らしは支えられているのです。
そんなこと、知っているという人もいるでしょう。

世界のどこかで起きているつらいこと、
だれかが苦しんでいる姿をニュースで見たとき、聞いたとき、
「大変そう」「かわいそう」「でも自分には関係ない」
そんなふうに感じたことはありませんか？

遠い世界で、起こっていることに、わたしたちは無関係ではありません。
あなたの力では、すぐに解決できないかもしれない。
けれど、わたしたちの生活とかかわっているのです。

遠いスリランカで茶葉をつむ紅茶農園の労働者たちと、
日本でティータイムを楽しむわたしたち。
そこにあるフェアとアンフェア。
1杯の紅茶をとおして世界と自分の関係性を考えてみてください。
世界がよりよくなるために。

もくじ

＊本文中の写真のうち出典のないものは著者提供

第1章 スリランカという国

お茶から世界を見てみよう

あなたは、お茶*は好きですか？　どんなお茶が好きですか？

紅茶は好きですか？　紅茶が好きな方は、普段どんな飲み方をしますか？　ミルクを入れてミルクティー、レモンを入れて、スパイスやジャムを入れたり、冷たいアイスティーが好きな人もいるかもしれません。

ティータイムには茶葉から淹《い》れてお気に入りのスイーツと一緒に、朝食時にはティーバッグで、あるいは仕事や勉強の合間の気分転換にペットボトル入りの紅茶商品を購入して飲むのを習慣にしている人もいるでしょう。最近まで第3次タピオカブームといわれていましたから、タピオカミルクティーで紅茶をはじめて体験した人もいるかもしれません。

日本の紅茶の消費量は年間約１万５０００トン（２０１７年）で、コーヒーの約47万トン（２０１８年）、緑茶の約８万１０００トン（２０１７年）*と比べると少ないですが、コーヒー、紅茶と並ぶ国民的飲料といえます。

＊茶：茶葉にはさまざまな品種があり、茶葉の加工法によって、緑茶、紅茶、ウーロン茶などになる。茶葉の乾燥方法、加熱の仕方、発酵方法によってそれぞれの特長が現れる。紅茶は、茶葉を完全発酵させたもの。緑茶は無発酵、そしてウーロン茶は半発酵される。

＊出典：全国茶生産団体連合会・全国茶主産府県農協連連絡協議会「茶の生産と流通」https://www.zennoh.or.jp/bu/nousan/tea/seisan01b.htm（上ＱＲ）、全日本コーヒー協会「統計資料」http://coffee.ajca.or.jp/data（下ＱＲ）

緑茶の自給率は、ほぼ１００％ですが、紅茶は、ほぼすべてを輸入に頼っています。そして、輸入される紅茶*の75％がスリランカ産のセイロンティーです。そもそも、なぜスリランカ産の紅茶がセイロンティーといわれるか、知っていますか？

スリランカは、第二次世界大戦が終わった直後の１９４８年、イギリスから独立しました。その当時の国名がセイロンでした。いまのスリランカの正式名称は、スリランカ民主社会主義共和国*です。スリランカというのは、現地のシンハラ語で、光輝く島という意味をもっています。

本書のテーマからは、少し外れますが、日本にセイロンティーが輸入され、飲まれるようになった背景には興味深い歴史があります。歴史は、明治20年（１８８７年）までさかのぼります。明治維新後にイギリスとの交易がはじまり、当時すでにイギリスの植民地であったインドやスリランカ（当時はセイロン）産の紅茶が入ってきました。

すぐに日本でも紅茶が生産されるようになりましたが、このころはもっぱら輸出用として生産されていました。伊勢茶の産地だった三重県、知覧茶の

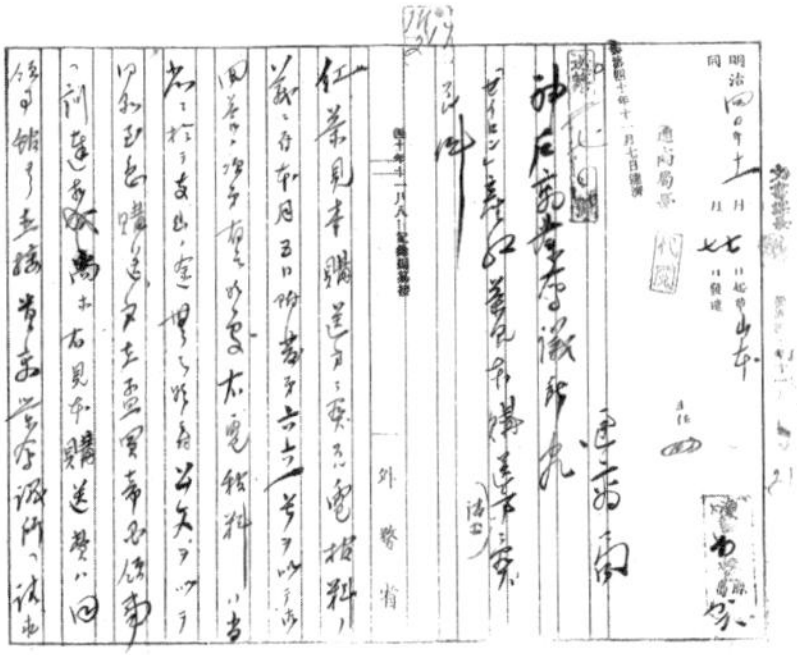

◆セイロン産紅茶のサンプル品を購入したいという神戸商工会議所から外務省に宛てた申し入れ書（明治40年10月付、アジア歴史資料センター公開、外務省外交史料館所蔵）。

*輸入される紅茶：スリランカ産のほか、インド産、ケニア産などがある。

*スリランカ民主社会主義共和国：セイロンの大半を占めるセイロン島は、イギリスの植民地だったが、第二次世界大戦後に独立、英連邦内の共和国になり、１９７８年から現在の国名になった。

鹿児島県、静岡県などに「紅茶伝習所*」が開設され、紅茶を栽培し、欧米に向けて輸出をはじめたのです*。

その後、日本で流通する紅茶は長らく国産品が中心でしたが、日本茶に比べると高価で、流通量も少なかったため、庶民の日常の飲み物にはなりませんでした。

日本の紅茶産業の大きな転換期は昭和に入ってからのことでした。1971年に紅茶の輸入も解禁し、インド産やセイロン産の茶葉が輸入され、流通量が格段に増えたのです。

世界で25番目に大きなセイロン島

13ページの地図を見てください。スリランカという国にあまりなじみがないかもしれませんが、南アジア、インドの南に位置し、九州の約1・8倍、カカオの実のような形をしたセイロン島と北西部の小さな離島からなる島国です。面積約6万5000平方キロメートルの土地に2100万人が暮らし

*「紅茶伝習所」：紅茶製造を研究するための施設。1875年に大分県と熊本県を皮切りに、全国に設置し研究を重ねた。

*日本での紅茶生産の歴史：『茶の世界史　緑茶の文化と紅茶の社会』（中公新書、角山栄著）より。

ています。日本から直線距離で約6000キロメートル、最大都市コロンボまで、直行便で約10時間かかります。

第2章でくわしく歴史を紹介しますが、スリランカは19世紀にイギリスの植民地になり、その時代から民主的な政治や経済の体制を維持してきました。アジアではじめて成人女性の選挙権を認め*、性差のない普通選挙を実施したのは植民地時代のスリランカで、1931年のことでした。1960年には世界初の女性首相*が誕生し、1994年には女性の大統領を選出したという進んだ側面をもっています*。

赤道に近く、熱帯雨林気候帯ですが、国土の7割は1年に1回の雨季があるだけの乾燥地帯で、熱帯雨林が広がる南部は、湿潤地域と呼ばれ、ここに国民の3〜4割が暮らしています。

海岸線の砂浜、乾燥した平原地帯、熱帯雨林、山岳地帯など、多彩な風景が広がります。スリランカでもっとも高地にある中部のヌワラエリヤは、植民地時代からイギリスの富裕層の避暑地として親しまれ、アジアで一番古いゴルフ場と競馬場があります。いまではここが観光スポットのひとつになっ

＊女性参政権：日本で成人女性の参政権を認めたのは、1945年のこと（翌年の総選挙にて初の実施）。

＊世界初の女性首相：シリマヴォ・バンダラナイケ（1916〜2000年）。夫はソロモン・バンダラナイケ（55ページ参照）。夫の暗殺をきっかけに政界に進出し、1960〜1965年、1970〜1977年、1994〜2000年の3度にわたり首相を務めた。

＊女性大統領：チャンドリカ・クマーラトゥンガ（1945年生まれ）。母はシリマヴォ・バンダラナイケ。母の3度目の首相在任中であった1994年に第5代スリランカ大統領に就任（〜2005年）。早くから女性が国政のリーダーになる一方、女性議員の割合はとても低く、国会で6・5%、州議会で6%、市町村議会で2%（「スリランカの政界における女性議員の慢性的な不足」ニシャン・ウィジェトゥンゲ）。
http://www.kfaw.or.jp/correspondents/docs/27-3_Sri_Lanka_J.pdf

ています。

２０１０年、ヌワラエリヤ郊外に広がる森林保護区は「スリランカの中央高地」として世界自然遺産に認定されました。高地にあるヌワラエリヤ県の年間平均気温は16℃、最低気温は８℃になることもあります。昼間は日差しが強く20℃以上になりますが、年間を通じて雨も多く、低温で湿度が高いのが特徴です。

インド洋に浮かぶセイロン島は「インド洋の真珠」と呼ばれています。14世紀にセイロン島を訪れたベネチアの商人マルコ・ポーロ*や、モロッコの旅行家イブン・バットゥータ*は、島の美しさを書き留めています。

１７９６年、イギリスの東インド会社が植民地化を進め、１８０２年にはイギリスの直轄植民地となり、１９４８年までイギリス領セイロンとなったスリランカに宗主国*のイギリスがプランテーション作物として導入したのが、お茶でした。朝夕の寒暖の差があり、雨量の多いセイロンの高原地帯は適地だったのです。セイロンの、とくに標高約１３００メートル以上の高地で栽培されたお茶は、高品質な茶葉として世界のブランドになっていきます。

＊マルコ・ポーロ：１２５４〜１３２４年。商人で、旅行家。24年間にわたるアジア諸国への旅を口述筆記し、ヨーロッパの人びとに、アジアの世界を紹介したことで、その後の地理学の発展にも貢献した。１２９２年、セイロンを訪れた彼は、「この島で、いままで見たことのない光を放つ宝石を見た」と記録し、「世界でもっとも美しい場所」と書いている（『東方見聞録』）。

＊イブン・バットゥータ：１３０４〜１３６８年。マリーン朝のモロッコ人。21歳のときにメッカ巡礼の旅に出たのを機に、中東、中央アジア、南アジア、東南アジア、中国を旅し、その後もイベリア半島や北アフリカを旅した。帰郷後に口述筆記させた旅の記録が、『大旅行記』（または『三大陸周遊記』など）として残っている。

＊宗主国：植民地を支配している国。スリランカ、インドはイギリスの植民地だった。

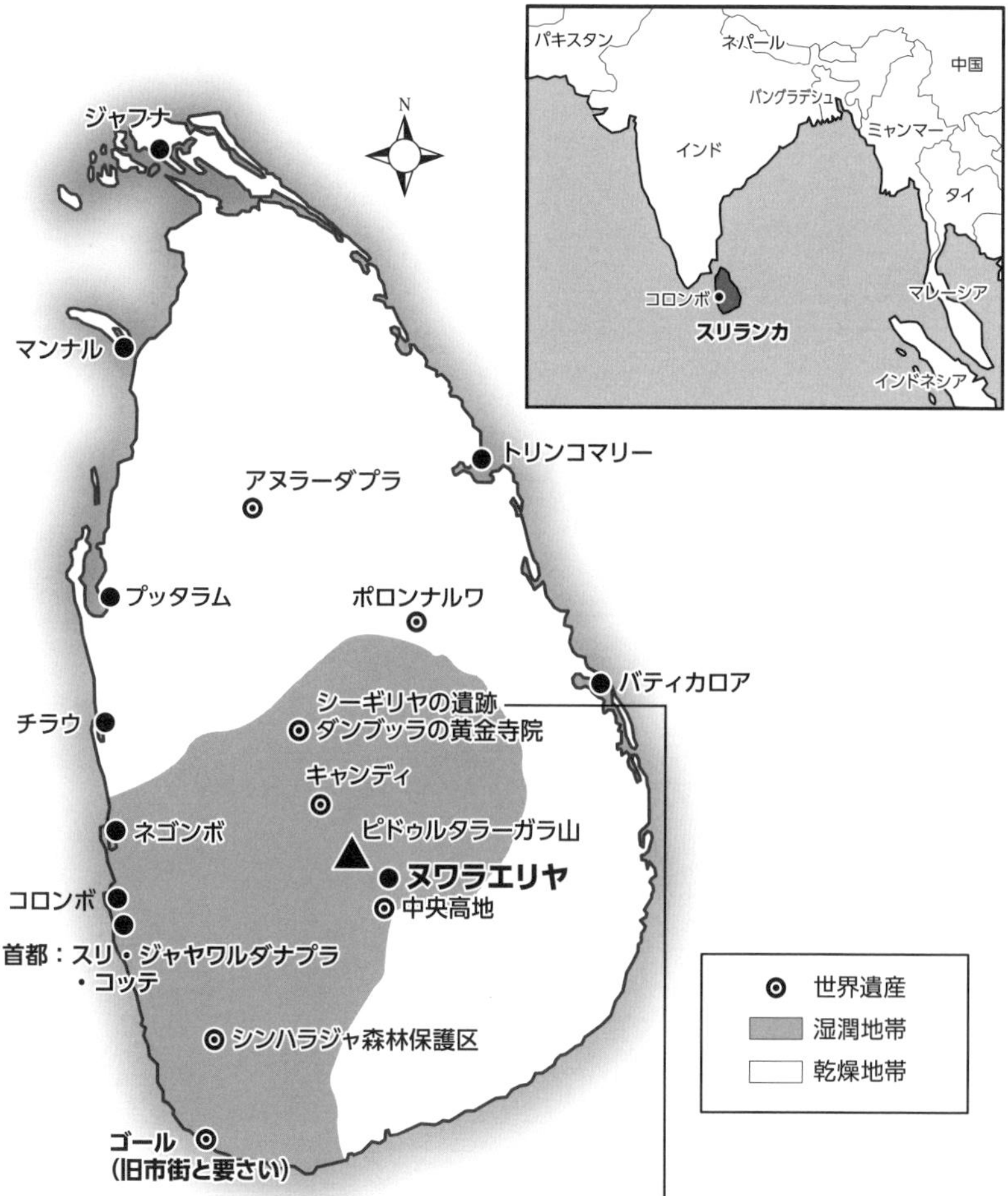

◆シーギリヤの遺跡。５世紀、岩上に建造された王宮と、それを囲むように水路や庭園などの設備の遺構。１９８２年に世界遺産に登録された。

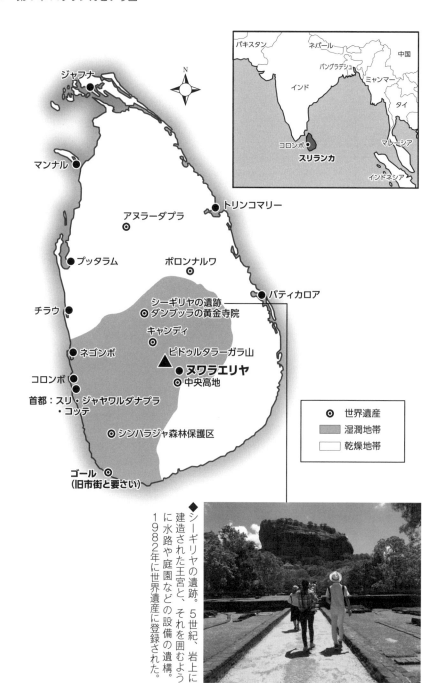

茶葉、茶葉を加工した紅茶、シナモンをはじめとしたスパイス、天然ゴム、ココナッツなどの輸出が国の経済を支えています。* 宝石の世界有数の産地でもあり、良質のサファイアやルビーなどが採掘され、重要な輸出品になっています。国内では、衣類（縫製業*）がもっとも大きな産業です。また、南部のビーチリゾートや世界遺産も8か所あり、観光立国でもあります。

スリランカで一番高い山は、ヌワラエリヤ県にある標高2524メートルのピドゥルタラーガラ山ですが、この山岳地帯がセイロンティー栽培の中心地になっています。ヌワラエリヤ県にはイギリス植民地時代から続く、100以上の紅茶プランテーション農園があります。

プランテーションと労働者

プランテーションとは、広大な農地をもつ宗主国が、たくさんの労働者を働かせて、単一の作物を生産するシステムで、19世紀、ヨーロッパの大国が植民地にしたアジア、アフリカ、南北アメリカ大陸の国ぐにで広めていった

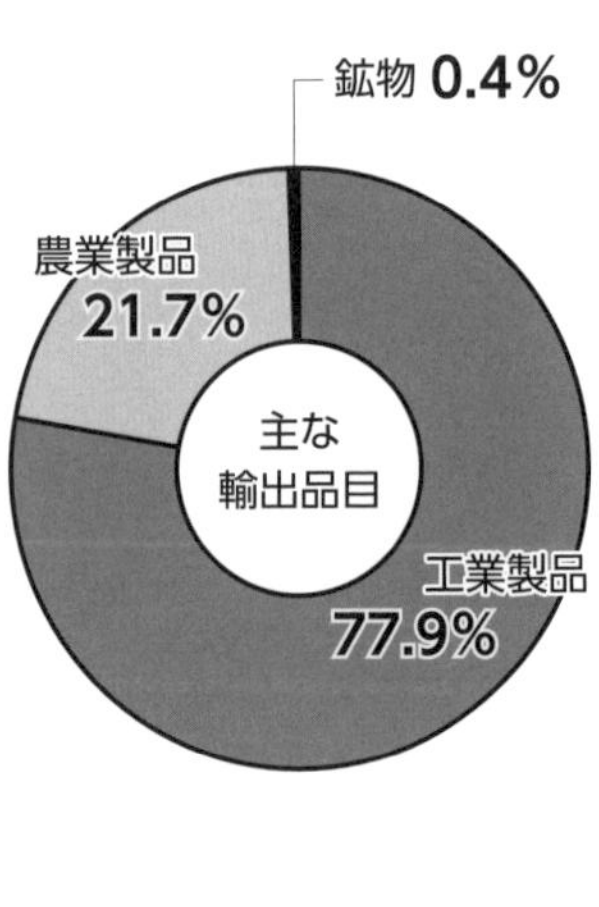

◆主要な輸出品目（2018年、外務省データより）。

＊国の経済を支える要素：外貨収入でみると、1位は出稼ぎによるもので圧倒的に多い。

＊縫製業：スリランカには多くの縫製工場があり、先進国のブランドの衣服を輸出している。日本でもメイド・イン・スリランカの服をよく見かける。

農産物栽培の方法です。

栽培作物は地域によってさまざまで、コーヒーであったり、茶葉であったり、バナナ、綿花、サトウキビ、カカオ、ゴムなどでした。これらの農作物が商品作物として大規模につくられ、宗主国の貿易品になりました。

２度の世界大戦を経て、強国による植民地政策が廃れてくると、プランテーション経営は統治と本国の利益を重視する宗主国から、経済的な利益を追求する資本家へと変わっていきました。そしてプランテーションという不平等なシステムは、続いていくのです。

すこし考えれば思い当たる疑問ですが、単一の商品作物だけを栽培すること（モノカルチャー*）で、農園労働者たちは暮らしていけるのでしょうか。バナナ農園の労働者たちが、バナナだけを食べて暮らすことはできません。むしろ、カカオ畑でカカオを栽培している労働者の子どもたちは、収穫されたカカオ豆を加工したココアやチョコレートを食べることすらできません*。

また病害や虫害は一気に広がってしまえば、その年の収入はほとんどなくなってしまいます。国際的な市場価格が急落すれば、農園だけでなく、モノ

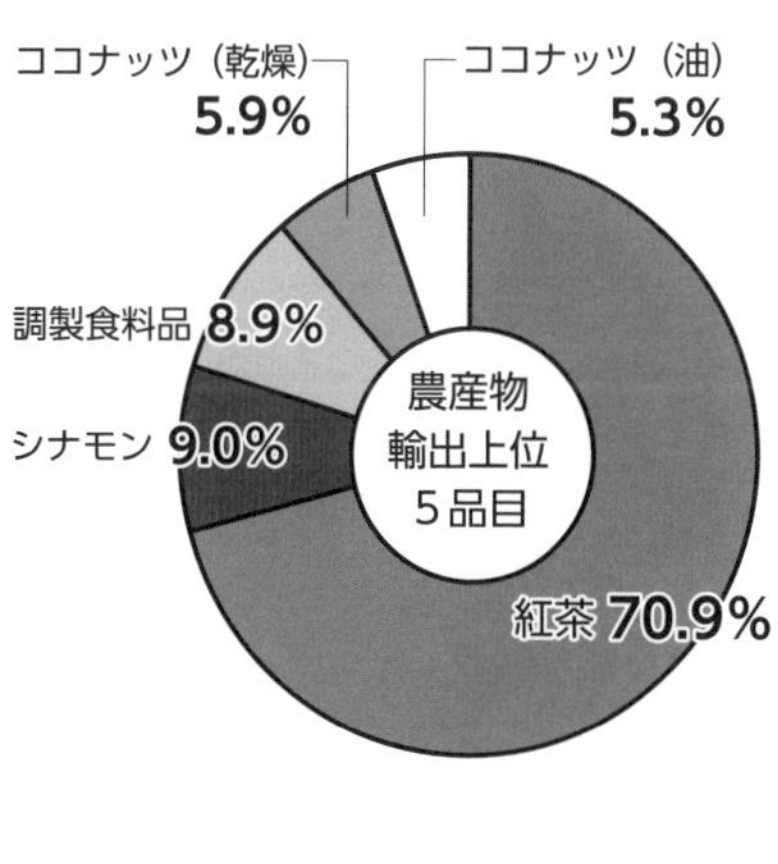

◆農産物輸出上位5品目（２０１６年、ＦＡＯ統計）。

＊モノカルチャー：単一＝monoと、栽培＝cultureをあわせた言葉。

＊労働者たちは自分たちの食べる農産物をつくることができない：スリランカでは、19世紀にはグレードの低い茶葉は労働者も手に入れていたといわれている。また、労働者住居などで栽培もしている。しかし、自分たちが食べるための作物として、自分たちで決めて、栽培することはできない。

カルチャーに依存した経済は危機的な状態になるのです。予測やコントロールが難しいというリスクを抱えているのは明らかです。

プランテーションの経営者の利益のために栽培された農作物は、プランテーションを所有する資本家のものになり、商品作物が労働者たちの食卓に上ることはありません。農作業をしている労働者たちは、自分たちが食べる農産物をつくることができないのです、また、その農地は決して自分たちの所有にもなりません。農園労働者は、農民（farmer）ではなく、あくまで農園労働者（Estate labor）なのです。

スリランカでは、いまだにイギリスの植民地時代につくられたプランテーション制度に基づいたコミュニティが続いています。もう１５０年以上が経ちますが、プランテーションの労働者と家族は農園内の居住区域で暮らし、その子どもも孫も代々、プランテーション農園の労働者になり、十分とはいえない賃金をもらって暮らしています。

こうした紅茶プランテーション農園で働いている人びと*がどこから来て、どんな暮らし方をしているのかをくわしく紹介したいと思っています。

◆スペイン領カナリア諸島テネリフェ島のバナナプランテーション（写真：oatsy40／flickr）。

*紅茶プランテーション農園で働いている人びと：エステート・タミルと呼ばれる。エステートは農園、タミルは南インドのタミルナドゥ地方から移住してきたタミル人の意。

第2章

紅茶の国・スリランカの歴史

緑の多い光輝く多民族・多宗教の島

海に囲まれ、熱帯雨林の平地、高山と多様な自然環境に恵まれた大きな島、セイロン島は、海の幸、山の幸が豊富です。魚や肉、豆、野菜などをココナッツミルクやさまざまなスパイスで煮込んだカレーは、スリランカの国民食です。

スリランカカレー*は絶品です。インドカレー、タイカレーの店は日本にもたくさんありますが、残念なことに、スリランカ料理を食べられる店はあまり多くはありません。

セイロン島へはインド亜大陸や海のシルクロードを経由して、さまざまな民族が移り住んできました。いまでも島にはさまざまな民族が住み、さまざまな宗教が共存しています。

インド大陸の南の端にある島ですから、歴史的に仏教文化が伝播していて、2000年以上前の古代の仏教遺跡が数多く残されています。スリランカの

＊スリランカカレー：シンハラ人のカレーはお米と食べる。タミル・カレーはお米もあるが、ドーセイやロティといった「粉もん」も多い。

人口2100万人のうち、約7割がシンハラ人*で大多数が仏教徒です。シンハラ語を話します。

ほかに人口の2割を占めるのが、南インド系のタミル人*で多くはヒンドゥー教徒です。セイロン島の北東部と中央山地の紅茶農園地域に多く住んでいて、タミル語を話します。シンハラ語とタミル語が、スリランカの公用語になっています。

残る人口の1割弱は、イスラム教徒のムーア人*やマレー半島から移住してきたマレー人*、ヨーロッパ系の子孫にあたるバーガー人*です。山間部には狩猟採集民の先住民ヴェッダ人もいましたが、それぞれが多数派のシンハラ人とほぼ同化して、国勢調査でも分類されず、人口も不明です。

紀元前、北インドにいたシンハラ人が最初にセイロン島に移り住んだといわれていますが、1802年、セイロン島がイギリスの植民地にされるまでの間、それぞれの民族間の大きな衝突はなく、共存してきました。

*シンハラ人：紀元前から島に住んでいる民族で、先住民族のドラヴィダ人と、インド・アーリア人の混合民族とされる。シンハラ語話者をシンハラ人と呼ぶようになったのは、12世紀以降といわれているが、諸説ある（川島耕司『スリランカと民族　シンハラナショナリズムの形成とマイノリティ集団』、明石書店）。

*タミル人：ドラヴィダ系の民族で、インド南部に住んでいるが、インドのイギリス植民地時代に、スリランカをはじめ、マレーシアやモーリシャス、フィジーなど、世界中のイギリス植民地に労働力として移住させられた。

*ムーア人：イスラム教系の住民。

*マレー人：イスラム教系の住民。スリランカ国内に約5万人が居住。オランダ統治時代に、同じくオランダの植民地だったインドネシアから移住させられ、定住化した。

*バーガー人：植民地時代の名残でもある、ヨーロッパに先祖をもつ人びと。

植民地化された歴史

セイロン島*に移住してきたシンハラ人によって、小さな王朝がつくられては消えていく時代が続きました。紀元前よりタミル人が島に移住してきます。

15世紀には明の武将、鄭和《ていわ》*が島を訪れています。鄭和の船団は東南アジア、インド、セイロン島からアラビア半島、アフリカにまで航海し、明の大航海時代を指揮した人物です。１４１１年、艦隊がセイロン島を訪れた際、当時のライガマ王国が、鄭和の艦隊を襲うという事件が起き、反撃した鄭和軍によって王が明に連行されました。ライガマ王国の後、明の支援を受けてコーッテ王国が建国されました。

16世紀にはポルトガルが、17世紀にはオランダがセイロン島に侵攻しますが、南部の海岸地域を植民地化しただけにとどまり、高原地帯の都市キャンディにあった王朝は続いていました。

１７９５年、イギリス軍がセイロン島に侵攻してきます。オランダの植民

◆ダンブッラの黄金寺院。紀元前1世紀、僧院だった建物を寺院とし、以後増築を重ねてきている。1991年に世界遺産に登録された（写真：Lankapic, Wikimedia Commonsより）。

＊セイロン島：島の名前はサンスクリット語でシンハラに由来し、シンハ・ディーパ（ライオン＝獅子の島）が訛ってセレンディープ、セイラーンとなり、イギリス人がセイロンと呼ぶようになった。

地を奪う目的で、翌年、イギリスは南部の中心都市コロンボを支配下に置き、１８１５年にはキャンディ王朝を滅ぼしてしまいます。１８０２年のアミアン講和条約*、１８１５年のウィーン会議によって全土がイギリスの植民地になりました。

イギリスによる支配体制は、第二次世界大戦後の１９４８年、イギリス連邦内の自治領である「セイロン」として独立するまで続きました。ちなみに「セイロン」という名前はイギリス人が付けたもので、１９７２年にスリランカ共和国と改名しています。

かつて「コーヒーの国」だった

18世紀、「日が沈むことのない帝国*」と呼ばれたイギリスは、世界中でプランテーションを展開していました。アメリカ南部では綿花、マレーシアではアブラヤシ、ガーナではカカオというように、それぞれの地域に見合った産物を栽培し世界貿易を支配していったのです。

＊鄭和：１３７１～１４３４年。永楽帝に仕えた軍人で高官でもある。イスラム教徒だったといわれる。

＊アミアン講和条約：フランス中西部のアミアンにおいて、イギリスとフランスの間で締結。お互いの占領地を返還することになり、第２次対仏大同盟（ナポレオンの大陸支配に抗するイギリスを中心としたヨーロッパ諸国の同盟）は解消された。

＊日が沈むことのない帝国：世界中に覇権を広げているため本国は夜でも、別の領土には日がのぼっていることのたとえ。英語で"The empire on which the sun never sets"

いまではすっかり「紅茶の国」のイメージをもつスリランカですが、イギリスは、当初ココナッツや天然ゴム、スパイス、そしてコーヒーのプランテーション農園をセイロン島の中央部や南部に広げていきました。

しかしコーヒーが病害によりほぼ全滅すると、イギリスはコーヒー農園の跡地にインドのアッサム地方で行なっていた紅茶の木を植樹し、紅茶栽培をはじめました。それまでのスリランカには、紅茶を栽培することも、ましてや紅茶を飲む文化もありませんでした。しかし紅茶栽培は島の風土によく合い、特有の風味のセイロンティーは、イギリスで広く受け入れられていきました。

そもそも喫茶文化の起源は、ヨーロッパの貴族の文化でした。17世紀以降、イギリスやオランダなどの貴族たちが輸入品の中国茶をたしなむようになり、18世紀に入ると、茶葉を完全発酵した紅茶が普及していきます。19世紀、インドやスリランカでの紅茶栽培の成功により、大量の紅茶がヨーロッパに輸入されはじめ、庶民にも普及していったのです。

◆19世紀アメリカ・ジョージア州の綿花プランテーション農園（ニューヨーク公共図書館デジタルコレクション）。

スリランカ・タミル人とエステート・タミル人

いま、スリランカの高原地帯にある紅茶農園に住んでいる労働者とその家族は、ほとんどがタミル人です。スリランカには現在、約３２０万人のタミル人がいるといわれていますが、タミル人には２つのルーツがあるとされ、それを区別するために、「スリランカ・タミル人」と「インド・タミル人」という呼び方をしています。

「スリランカ・タミル人」はタミル人の７割弱を占めます。紀元前から海を隔てた南インドのタミルナドゥ州から島の北東部に移住してきた人たちの子孫で、もともと島の北東部を中心に都市や村に住んできました。

一方の「インド・タミル人」は、紅茶農園で働くタミル人で現在では「エステート・タミル人*（農園タミル人）」とも呼ばれています。さきほども紹介しましたが、イギリスがセイロン島を植民地にした時代に、インドからプランテーション労働のために連れてこられた人びとです。イギリスの斡旋《あっせん》も

＊エステート・タミル：エステートは、元は英語で「広大な土地」や「領地、財産」の意味。それが転じて「農園」を指す。

あり、カースト制*によって土地を持てない人びとが、南インドのタミルナドゥ州から紅茶、天然ゴム、ココナッツなどのプランテーション農園へ労働者として移住してきたのです。タミル人の約3割程度を占め、民族のおなじタミル人でも文化や方言が大きく異なります。

本書の主人公は、インドから連れてこられた、このインド・タミル人たちの子孫で、紅茶プランテーション農園に暮らしている約83万人*の農園労働者たちです。

宗主国のイギリスによってセイロン島に連れてこられたインド・タミル人の扱いは奴隷同然といっても過言ではない状況でした。島の北部に船で着いて、そこから山間部のヌワラエリヤ県に広がるプランテーション地域まで、何日も歩かされました。多くの人が途中で倒れ、死亡する事故が絶えなかったといいます。

島に移住したタミル人たちは、最初は季節労働者として働いていましたが、プランテーション農園が整備するとともに「居住労働者」へと変化していきました。

＊カースト制：58ページ参照

＊出典：外務省ウェブサイトおよびDepartment of Census and statistics-Sri Lankaより

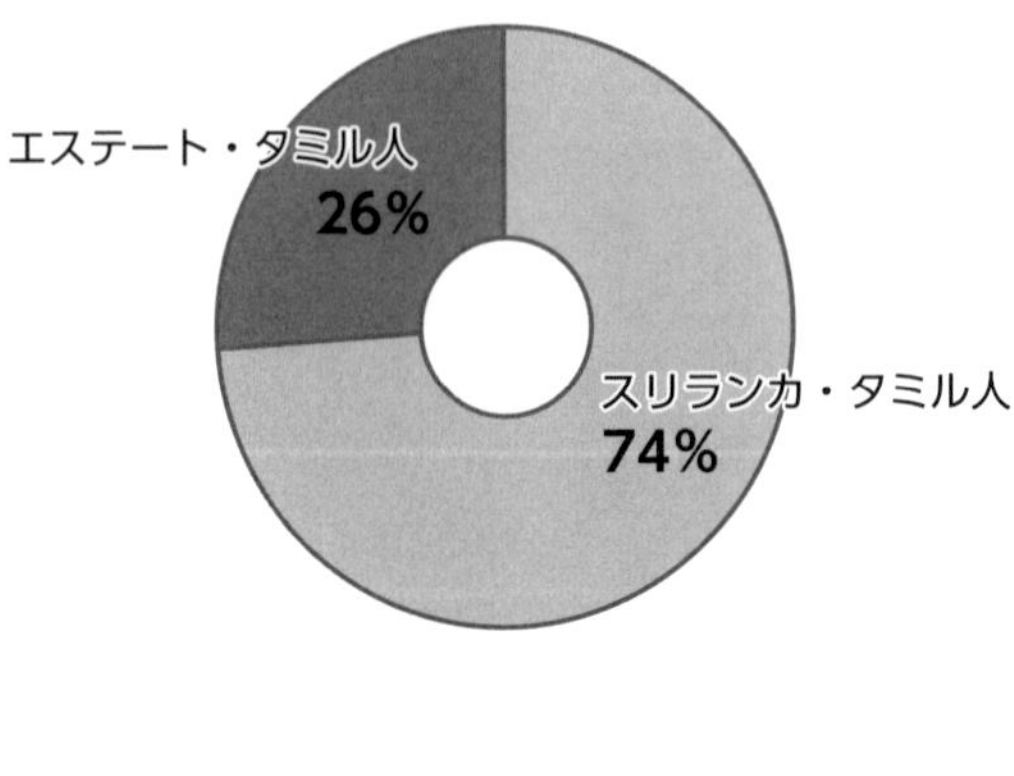

◆スリランカ国内のスリランカ・タミル人とエステート・タミル人の割合。

いまでもスリランカ政府の統計などでは、「インド・タミル人」という呼び名が使われ、「スリランカ・タミル人」とは明確に区別されています。ただし「インド・タミル人」いっても今はインド人ではなくスリランカ人なので、「エステート・タミル人（農園タミル人）」と呼ばれることが多くなってきています。

“世襲”するエステート・タミル人たち

プランテーションの経営体制＊は目まぐるしく変化しますが、農園の住民の生活環境は、イギリス植民地時代からほとんど変わっていません。インドから移住させられたタミル人の子孫が、１５０年前に先祖が割り当てられたプランテーション農園でおなじように茶つみをしたり、工場で働き、当時つくられたラインルーム（長屋）と呼ばれる住宅で暮らし続けているのです。

農園で働いている労働者を親にもつ子どもたちも、いずれおなじ農園で働くことになり、また、その子どもたちもおなじ場所で労働者になる……。そ

◆茶畑の中にある労働者居住区「ラインルーム」。

＊プランテーションの経営体制：94ページ参照。

うした「世襲制度」とも呼べるような因習にしばられながら、プランテーションは続いてきたのです。

150年も前に建てられたラインルームなど、プランテーション開拓期に労働者にとって必要最低限だった農園内の各種施設もすっかり老朽化し、大きな支障が出ています。労働者の子どもは、労働者になるのが当たり前という風潮や意識にも少しずつ変化があります。子どもたちは純粋に夢を抱き、農園で一生をすごすことを望んでいません。

つぎの章では、そんなプランテーション農園の人びとの暮らし、仕事の様子、そこで暮らす子どもたちの姿を紹介します。

◆現場監督の男性のもと、茶葉の計量をする女性労働者たち。

第3章

紅茶をつくる人びと

16歳から紅茶農園で働きはじめたウェンニラさん

ウェンニラさん（32歳）は、スリランカの紅茶農園の中にある、ラインルームと呼ばれる住宅で生まれました。農園内にある中学校を卒業して、16歳でプランテーション農園の労働者になりました。彼女の世代ではとても当たり前の選択で、それ以外の進路は考えられなかったといいます。

19歳で結婚したウェンニラさんは、結婚を機に、夫が働いていた隣の農園に転居しましたが、日々の仕事は変わりません。相変わらず朝7時過ぎから夕方暗くなるまで1日10～14キロのお茶の葉をつむ仕事をしています。夫は農園の中にある紅茶工場で働いています。茶葉を運ぶトラクターの運転、肥料散布や雑草取りなどの肉体労働がおもな仕事です。

◆ウェンニラさんと息子たち。

セイロンティーはほぼ100%手づみ

「月曜から土曜まで毎日茶畑に行き、手でお茶をつみます。この農園では100%手づみです」

ウェンニラさんが言うように、スリランカのお茶の葉は機械を使わず、手づみされています。みなさんが普段飲むペットボトルの紅茶飲料もほぼスリランカの農園労働者が手づみした茶葉なのです。

茶葉は手でつむと、傷みのない美味しい紅茶になると昔から考えられています。日本でも手づみの高級な茶葉はありますが、スーパーなどで売られている国産の緑茶はほとんどが機械でつんだものです。

ちなみに、スリランカで茶つみの機械化が進まないのは、高原地帯の急斜面につくられている茶畑が多く、機械を入れづらいためです。また、茶つみが機械化されるとたくさんの失業者が出ることが予想されます。

◆一日中、茶畑の中でお茶をつむ女性たち。

管理者は男性、労働者は女性

作業時間も作業内容も、紅茶農園の多くの女性たちがウェンニラさんとおなじ条件で働いています。仕事がはじまるのは朝7時過ぎ。途中で昼ごはんを食べるときは16時半ごろまで。昼ごはん抜きで働くときは15時半ごろまで、およそ8時間ほど、収穫が多いときは18時ごろまで茶畑でひたすら茶つみをします。毎日その繰り返しです。

プランテーション農園は、イギリスから独立したあとは国営でした。１９９０年代に土地は国有で、農園の経営はスリランカ資本のプランテーション会社という形態になりました。

農園の管理は、プランテーション会社に雇われた本社社員である農園マネージャーとアシスタントマネージャー、その指示を受けて現場監督をするカンガーニ、農園事務所で事務処理や経理などを担当する事務スタッフが行なっています。カンガーニや事務スタッフは、農園マネージャーが、農園や周

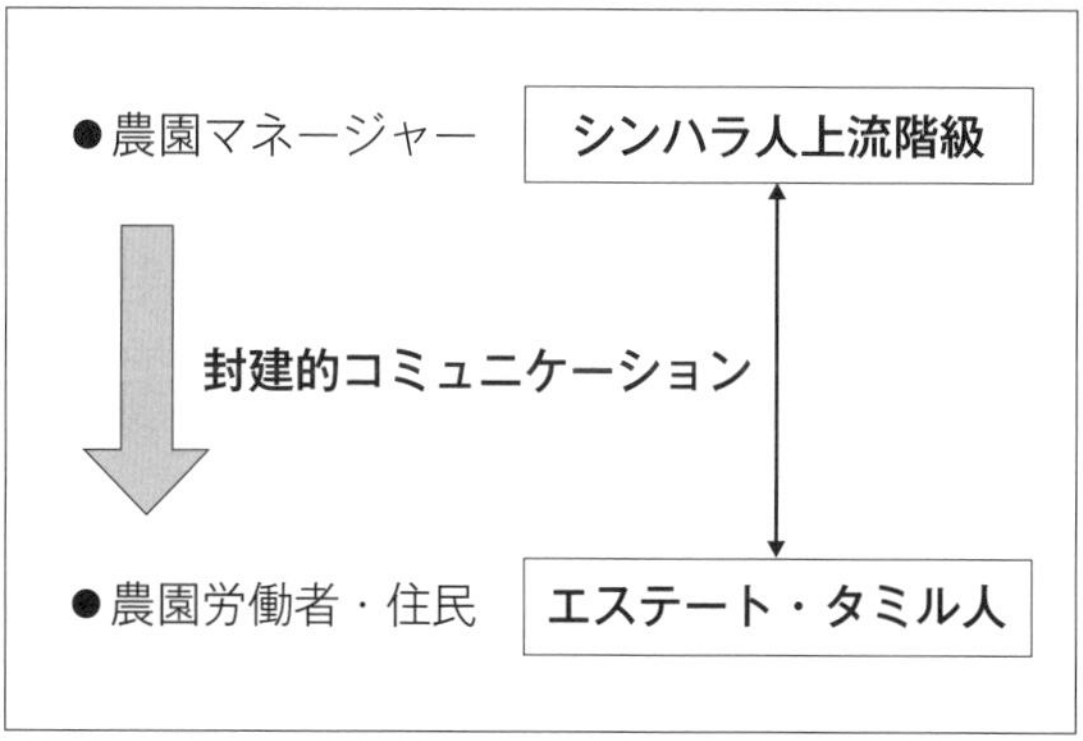

◆農園マネージャーと住民

辺の村から現地スタッフとして採用したエステート・タミル人です。カンガーニとは、現地のタミル語で「監督者」の意味です。

農園マネージャーになるには、高校を卒業した後にプランター・スクールというマネージャー養成学校に進学し、3年間専門的な勉強をします。茶や天然ゴム等の栽培にかんすることに加えて、労働者管理なども学びます。多くは高校までラグビーやクリケットをやっていたような体力に自信のある人が志望する傾向があります。また農園マネージャーは、スリランカでは上流階級の仕事とされ、上流階級出身のシンハラ人が多くを占めています。

農園の規模によって異なりますが、通常は農園マネージャーひとり、アシスタントマネージャー2人で農園全体を取り仕切り、カンガーニは茶つみをする区画につき2~3人が配置されます。

カンガーニは、農園マネージャーの指示を受けて、その日、どのエリアで作業をするのか、茶つみを担当する女性労働者たちに伝えます。カンガーニはほどんとが男性で、ときには、女性労働者たちに怒鳴り散らすことも少なくありません。

◆カンガーニ（右端）立ち会いのもと、計量所で茶葉を計量する女性労働者。

通常、午前と午後に１回ずつ、つんだ茶葉を計量します。茶つみ担当の女性たちは5〜10キロ以上の茶葉の入ったカゴを茶葉の計量所まで運びます。山の斜面を行き来するのは、大変な労働です。茶葉を計量して記録するのはカンガーニです。

１日につんだ茶葉の量は一人ひとり記録され、日給でお金が払われます。手当等ふくめて７３０ルピー（約４３０円）です。毎日ノルマが決められており、10〜14キロのノルマを超えると、その分の手当てが出ます。５人家族の平均生活費が２万９０００ルピー（約１万７０００円）ほどですから、夫婦２人で働いてもなかなか貯金をすることができません。

区画の大きさによってさまざまですが、１区画には50から１００くらいの家族が住んでいて、朝、集荷所に集まって、茶畑に向かいます。

いまでは奴隷的な扱いは法律で禁じられていますが、現場監督の指示のもとで、一生を茶つみ労働者として生きるプランテーション労働者の暮らしは、１５０年間ほとんど変わってはいません。こんな農園のしくみが21世紀の現在でも続いているのです。

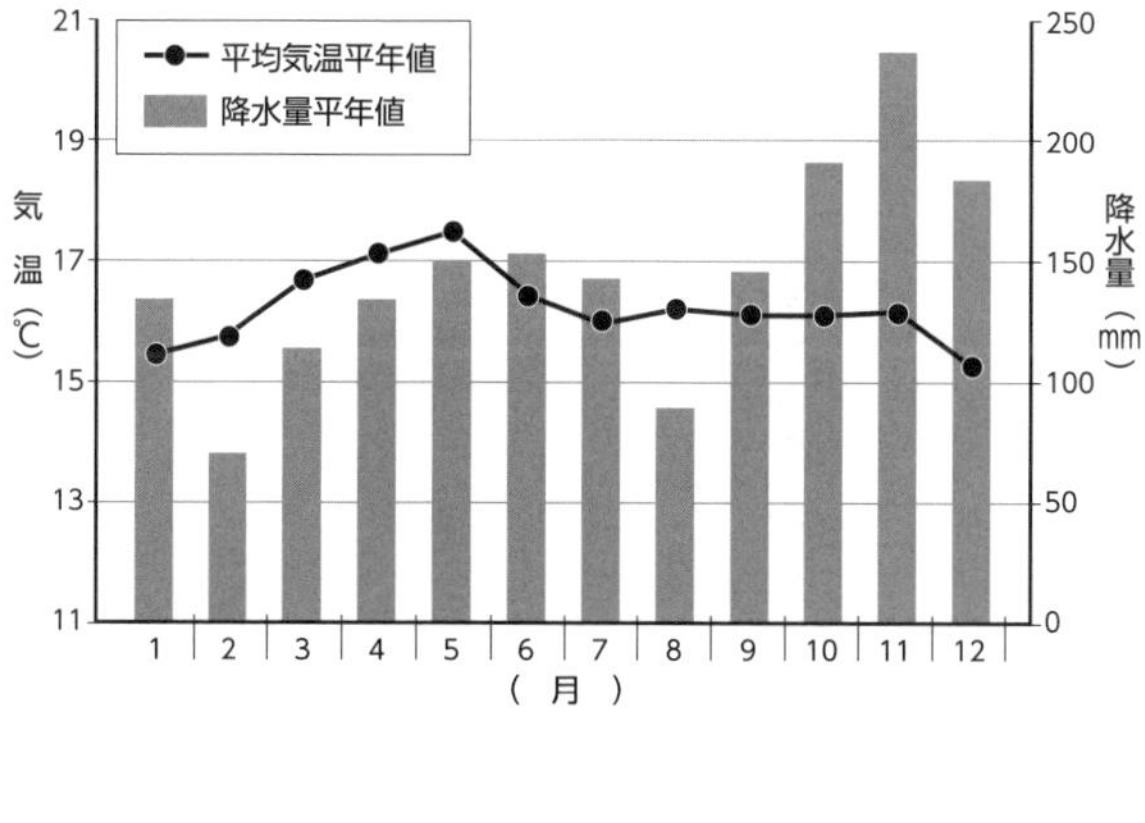

◆ヌワラエリヤの月ごとの平均気温と平均降水量（気象庁ホームページ、Climate View 月統計値）。

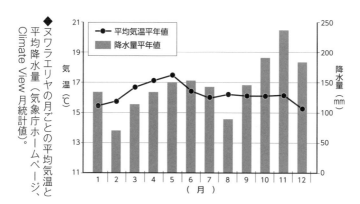

雨の日も紅茶をつみ続ける

農園労働者たちは、雨が降っても、風が吹いても、どんな悪天候でも、よほどの嵐でない限り、茶つみカゴを頭から下げて茶つみの仕事をしています。茶畑は高原地帯にあるので、天候は変わりやすく、雨が降るとビニールシートのようなものを頭からかぶって作業します。赤道近くにあるスリランカとはいえ、体は雨ですっかり冷え、カゴの茶葉も水を吸って重くなります。

たとえ朝から嵐の日でも茶畑に出ていくのは、給料が1日ごとに計算されるので、休むと現金収入がなくなってしまうからです。休日は、毎週日曜日と決まっています。休日は日曜日ですが、収穫が多いときはお茶をつみます。また、逆に、農閑期には週に3日程度しか仕事のないときもあります。

農園の中では、野菜を頭にのせている人たちを見かけます。多くの家が、ラインルーム（長屋）の周りで家庭菜園程度の野菜を栽培しています。ほとんどが家族で消費しますが、作物に余りがでると農園内で売ったり、農園近

◆野菜を運ぶ人びと。重たいものは頭にのせて運ぶ。

◆雨の日もお茶をつみ、計量する。

くの商店に売りに行ったりします。ちょっとした生活費をこうやって稼ぐのです。

農園で働き、農園で子どもを育てる

農園で生まれ育ったウェンニラさんは、現在、農園で子育てをしています。29歳のときに女の子、31歳のときに男の子を出産しました。

ウェンニラさんは、毎朝7時半に家を出ると、まず1歳の息子を農園の中にある託児所（現地語でクレッチ）に預けます。3歳の長女は、農園の中にあるプレ・スクールと呼ばれる幼稚園に歩いて送っていきます。

農園内にある託児所は無料で、0〜2歳児の子どもたちの面倒をみてくれます。多くのお茶つみの女性たちが産後数週間ほどで託児所を利用し仕事を再開します。

子どもを送り届けた後、集荷所に集合し、カンガーニから指示された茶畑へと向かいます。仕事が終わると、その足で託児所まで子どもを迎えに行き、

◆小学校の子どもたち。小さい学校なので学年をこえてみな仲良し。

帰宅してから家事をします。託児所にいる間は、クレッチのスタッフが粉ミルクで授乳します。

プレ・スクールは義務教育ではありませんが、ほぼすべての子どもが通います。プレ・スクールでは、子どもたちは歌を歌ったり、お絵かきをしたり、日本の幼稚園とおなじようなことをしています。

プレ・スクールに通うようになると、お母さんの仕事は、朝のお弁当づくりからはじまります。プレ・スクールは、農園内にあり、3～5歳の子どもたちが通います。だいたい13時ごろに終わるので、お母さんやお父さんは、仕事を中抜けして迎えに行きます。

お母さんたちは幼い子どもを家に置いて出かけるわけにはいかないので、託児所やプレ・スクールは、とても便利な施設です。一方で、有給の育児休暇という制度は一切なく、農園で毎日働かないと生活できないので、「わたしは子どもが小さいうちは働きません」と希望する人はいないのです。

次ページのイラストを見てください。農園内には、幼稚園や託児施設のほか生活や福祉にかかわるさまざまな施設が整えられています。基本的に農園

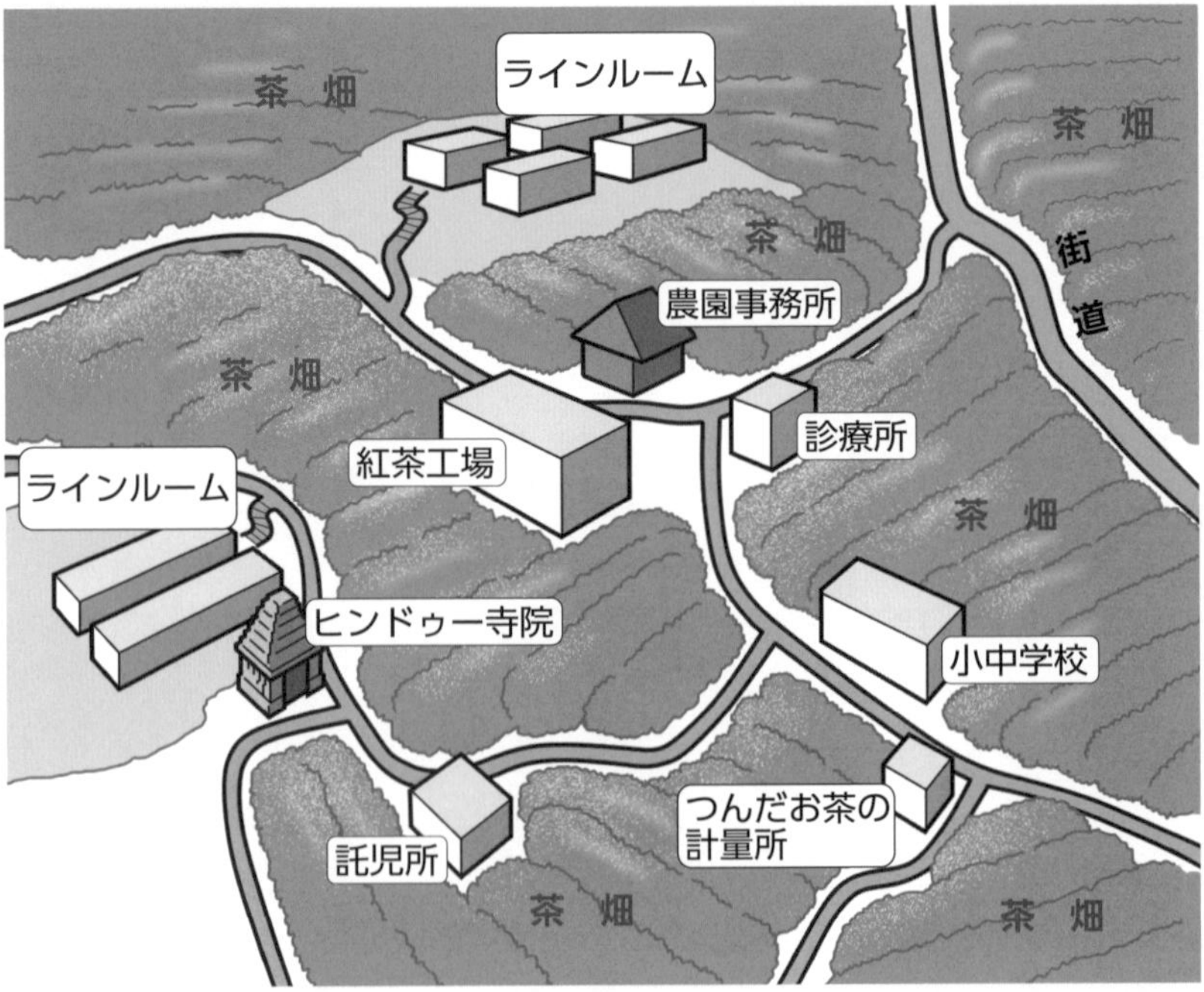

◆一般的な農園のイメージ図。

の外の社会に出ることなく生活できるのです。そのため何世代にもわたって、農園労働者は、一生のほとんどを、ひとつの農園の区画内から出ることなくすごすのです。

「別に好きな仕事ではないけど……」

ウェンニラさんは、自分の暮らしをつぎのように話しています。

「仕事はもう慣れました。ほかに選択肢がないからはじめた仕事なので、好きな仕事ではありません。ただ慣れてきただけ。夫とわたしの２人で働かないと、子ども２人は養えないから、がんばって働いています。子どものことを思えば、毎日幸せで、大変な仕事も乗り越えられます。

休みの日は、子どもたちの世話をしています。一日中、子どもたちと一緒にすごす時間は何よりも幸せです。とくに趣味はないけれど、子どもたちの世話が唯一の趣味。

子どもたちが大きくなったら農園労働以外の仕事に就いてほしいと思って

います。こんな大変な仕事ではなく、しっかりと教育を受けて、いろんな仕事が選べるようになってほしいと願っています」

ウェンニラさんの願いが叶うためには、農園の中にある小学校で、十分な教育が受けられ、職業選択の自由が保障されるような状態になっている必要があります。

農園で生まれた6歳のダルクシャンくん

ダルクシャンくんは、2020年1月に進級して小学2年生になりました。お父さんもお母さんもおなじ農園で生まれ、日本でいう中学校を卒業すると、そのまま農園で働きました。あるとき、親せきの紹介で出会った2人は結婚をして、一緒に住みはじめたのです。*

ダルクシャンくんが通う小学校は、農園の中にあります。イギリスから独立後、スリランカ政府がプランテーション農園での学校建設を進めたので、いまではどの農園にも政府が運営している小学校があり、授業料は無料です。

◆放課後に近所で遊ぶ子どもたち。あそび場も茶畑。

＊農園労働者同士の結婚のほとんどは、家長の差配によるもので、恋愛結婚はあまりない。

農園の中に学校があるといっても、大きな農園では、いくつもの山がひとつの農園になっていて、険しい山道を1時間も歩いて登校する子もいます。登校時間は8時で、ダルクシャンくんは、30分かけて登下校をしています。低学年は、12時から14時くらいには学校が終わります。放課後は、学校でしばらく遊んでから、同じ方向に帰る友だちと帰宅し、きょうだいが同じ学校に通っている子どもは、お兄さんお姉さんの授業が終わるまで待っています。

小学校は日本より1年早く、5歳で入学し、5年生（11歳）で卒業します。男女共学で、女の子たちも通っています。小学校卒業後は前期中学校が4年制、後期中学校が2年制、高校が2年制、そして大学へと続きます。

スリランカは南アジアのなかでも教育水準が非常に高い国であり、プランテーション農園の中にも小中学校（後期中学校まで）は必ずあるほど、教育環境は比較的整っているといえます。*

ただし、農園の子どもたちの通う小学校とコロンボなどの大都市の小学校のあいだでは、同じ公立校でもその設備に大きな差があります。コロンボや

◆農園内の学校。小学校高学年の複式学級。

＊農園内の学校：プランテーション農園地域には、1年生から11年生（16歳）までがひとつの敷地にある比較的大規模の学校と、9年生まである小規模校がある。11年生（日本では高校1年生に該当）修了後は高校（2年間）に進学する子どももいるが、農園地域では、高校の数は少なく、町までバスで通う。

キャンディなどの都市部の学校では、広いグラウンドや窓のある教室というのも見られますが、農園の学校では窓もないのが当たり前ですし、広いグラウンドもあまりありません。理科の実験器具も十分ではありません。

義務教育である中学校までは農園にもありますが、高校は、農園を出て近隣の町まで行かないとありません。そのため、通いたくても通えない子も少なからず存在します。中学校への進学は93%と非常に高く、そのうち高校に進学するのは約半数です。

休み時間や帰宅後に子どもたちが夢中になっているのは、圧倒的にクリケット*です。ブラジルでのサッカー、日本での野球やサッカー、モンゴルでの相撲とおなじように、国民的スポーツといえます。日本ではあまり知られていませんが、イギリスでは上流階級がたしなむスポーツとされ、かつてイギリスの文化が及んでいたインド、パキスタン、バングラデシュなどで盛んに行なわれ、英連邦諸国*ではサッカーなどと並ぶ人気のスポーツです。

正式には全面芝生の野球場より広いコートを使いますが、農園の子どもたちは家の前の道路で遊んでいます。

◆農園内の学校の理科で使われている実験器具。あまりそろっていないが、いつもは鍵がかかっている。

＊クリケット：長方形のピッチの両端に立てられたウィケットと呼ばれる3本の棒を倒すことなく、投手が捕手に向けて投げたボールを打者が打ち返し、ボールが返球され守備側が棒を倒すより早くピッチを走り切ると得点になる。11人1チームで行なう。野球の原型になったといわれている。

古い長屋での共同生活

　ダルクシャンくんは、両親と妹の４人でラインルームで暮らしています。ラインルームは、プランテーション会社から無料で提供されている社員寮のようなものですが、イギリス植民地時代から残る施設で、設備も古く、あまり修理もされていません。電気のあるラインルームも増えてきましたが頻繁に停電が起こります。

　下の写真がよくあるラインルームです。コンクリートでできた建物で、居住区域に数棟から10棟のラインルームが並んでいます。１棟のラインルームに４戸から８戸のユニットと呼ばれる住宅があり、ひとつのユニットには、約６畳の居間と寝室があります。この２部屋のスペースに家族４人、多いと８人で住んでいる人もいます。区画の大きさによってさまざまですが、１区画には50から１００くらいの家族が住んでいます。

　住居の中には台所、トイレ、お風呂がありませんから、屋外にある共用の

◆ラインルーム。

＊英連邦諸国：大英帝国時代のイギリスと、その植民地となった国ぐにからなるゆるやかな国家連合。Commonwealth of Nations。２０２０年２月時点で、イギリスを含む54カ国が加盟している。そのうちイギリスの国王を自国の王とする16カ国は英連邦王国（Commonwealth realm）という。

台所、共用のトイレを使っています。ガスは敷かれていないので、薪《まき》で調理をしています。

屋外にあるトイレは、掘っ立て小屋のような簡素なものです。もちろん、水洗式のトイレではありません。外で用を足す男性も少なくありません。温かいお風呂に入る習慣はなく水浴びをしますが、シャワールームのような浴室があるわけではなく、腰巻きなどで体を隠しながら屋外で水浴びをします。朝晩はとても涼しくなるので、日中に水浴びをします。

望まなくても将来が決まっている

農園で暮らしている子どもたちは、両親や祖父母、その前の世代から農園で生まれ、農園の仕事をして一生を送ってきました。そして多くの子どもが、農園労働者になっていきます。

しかし、ダルクシャンくんのお父さんは、息子には、たくさん勉強をして、専門的技術を身につけ、農園の外で仕事ができるようになってほしいと願っ

◆陽が出ているときに水浴びをする。

◆ダルクシャンの家族（左から２人目がダルクシャンくん）。家族みんなに家の前で撮影させてもらった。右はしのダルクシャンくんのお母さんに抱かれているのは妹で、ほかに写っているのは近所の子どもたち。

ています。

「農園の中の仕事では高収入は期待できません。生活環境も、決して満足のいくものではありません。紅茶農園では、茶畑に肥料を撒《ま》いたり、雑草を取ったり、トラクターで茶葉を運んだりする肉体労働をしています」とお父さんがいうとおり、機械の操作や力仕事、紅茶工場での加工作業のほとんどは男性が行なっています。多くの紅茶工場は24時間フル稼働の交代勤務で、工場が休みの日は1年に数日しかありません。

お父さんが家族を連れて農園を出ていくか、せめて息子には農園以外の世界を与えたいと考えているようでしたが、「外の世界に知り合いはいませんし、都市で仕事をするにも、そのための知識や技術も足りません」。

けれどお父さんは35歳。自由な選択肢のある社会であれば、まだ自分の未来さえ切りひらいていく余地のある年齢です。ダルクシャンくんの未来の可能性や、お父さん自身の将来をあきらめているようにも感じられます。

自分の子どもが農園の中にある小学校、中学校を出て、農園で働く以外にどんな選択肢があるのか、お父さんはもっと考えたいと思っています。しかし、日々の重労働に追われていると、１日があっという間に過ぎてしまうのです。息子にはもっとよい教育を与えたいという気持ちと、それができないことへの焦りが高まっているといいます。

日給制のため、病気で休んだらその分収入が減る

紅茶農園の労働者たちは、プランテーション会社に登録することで、住む家と仕事を与えられます。失業保険や年金なども会社の負担で保障されますが、雇用契約を結んだ月給制の正式社員ではありません。働いた分だけその日の賃金が計算され、１カ月に２回に分けて払われます。正規社員と日雇い労働者の中間のような雇用システムといえます。

農園労働者の賃金*は、スリランカの市役所で働く非熟練労働者（単純労働者クラスの公務員）の半分程度です。夫婦２人が休みなく働いてやっと公務員一人分の賃金とおなじですから、とても低賃金なのです。

しかも、働いた日しかお金をもらえないのですから、労働者は病気になっ

＊農園労働者の賃金：栗原俊輔「バリューチェーンと労働者をめぐる一考察――スリランカ 紅茶プランテーション農園労働者の付加価値と貧困」宇都宮大学国際学部研究論集 no.40 (2015)

てもできるかぎり仕事に出ます。日本の企業では正社員であれば、有給休暇や有給の病欠扱い、医療保険からの支払いなどの福祉制度がありますが、プランテーション農園の労働者には、それがありません。

仕事を休めばお金が入らない――これはとても深刻な問題です。でも、よく考えると、いま日本でも次第に増えている派遣労働者も農園労働者とおなじかもしれません。派遣会社と契約をしているだけなので、仕事の紹介がなければ、その日は収入がないのです。

労働者たちの健康は守られているか

幸いなことに、各農園には診療所があり、農園診療医*がいて簡単な治療が受けられ、必要な医薬品は無料でもらうことができます。

診療所では手に負えない病気や大きなけがは、公立病院を受診することになります。これも幸いなことにスリランカでは公立病院で受診すれば、原則だれでも医療費は無料なのです。検査費用や治療費は払わなくてもよいので

◆ラインルーム各戸にある炊事場。もともとは備えつけられていなかったが現在では各家庭手作りでかまどの裏に作ってある。

*農園診療医：EMA＝Estate Medical Doctor。手術のような複雑な処置はできないという点で、一般的な医師とはいえないが、診察や簡単な治療を行なう。

◆ヒンドゥー教の最大のお祭りのひとつ「タイポンガル」。１月に行なわれるヒンドゥーの収穫祭で、神様のためにミルクがゆを炊き、カラフルに家の周りを飾る。

す。無料といっても、病院に行くための交通費や薬代、入院費用などは自己負担しなければなりません。検査費用も、場合によっては有料です。

病気をしたり、大けがをすると交通費をかけて公立病院まで行き、しかもその日の賃金がもらえなくなる、という二重に負担になるので、仕事を休んでまで病院に行こうという人は少なく、無理をしてでも仕事に出ていきます。

ヒンドゥー文化が根付いている

ダルクシャンくんの一家にとって、日々の暮らしでの楽しみは、お祭りや学校行事などです。農園の人びとの多くはヒンドゥー教徒です。日本ではなじみのない宗教のように思ってしまいますが、日本の七福神*のうち3人はヒンドゥー教の神様です。

ヒンドゥー教では年間を通じてさまざまなお祭りがありますが、1月ごろに行なわれるタイポンガルと、10月ごろに行なわれるディーパワリの2つが大きなお祭りです。長屋でも飾りつけをして祝います。日本の正月のように、

◆まきにするための木材を運ぶ男性。舗装されていない道を毎日おなじ作業靴で歩く。

＊ヒンドゥー由来の七福神：大黒天＝シヴァの化身マハーカーラ、毘沙門天＝ヴァイシュラヴァナ、弁財天＝サラスヴァーティーがヒンドゥー教の神様。

新しい服を買ったり、お供えを飾ったりします。これらは、各ラインルームでそれぞれ住民組織としてとりまとめ、自主的に祭事を行なっています。

来る日も来る日も同じ作業

農園では、女性はおもに茶つみ、男性は農園内の肉体労働や紅茶工場での紅茶の製造などを担います。中学または高校を出てから、60歳になるまで、ずっと同じ農園で同じ労働をすることになります。60歳が定年で、以降はプランテーション会社に払っていた年金がもらえます。しかし、日給計算で算出したものであり、もともとの日給が低いので、それほど多くもらえるわけではありません。

毎日の重労働も大変な苦労ですが、単純な作業を何十年間も続けるのは苛酷なことです。

「前向きに仕事に取り組んでいるわけではありません。これ以外にすることがないので仕方がないです。ただ慣れただけです」

ダルクシャンくんのお父さんも前出のウェンニラさんと、おなじことを話してくれました。

第4章

社会から取り残される紅茶農園

スリランカで起こった悲しい内戦

自治領セイロンは、第二次世界大戦後の１９４８年にイギリスから独立し、１９７２年にスリランカ共和国と国名を一新、６年後に現在の正式名であるスリランカ民主社会主義共和国と改名し、新しい国づくりをはじめました。その結果、いま、スリランカは南アジアではトップ、世界の途上国のなかでもトップレベルの福祉国家になっています。途上国のなかでは平均寿命も長く、乳幼児死亡率も低く、識字率は92％（２０１８年）＊を達成しています。

このように福祉国家として発展してきたスリランカですが、１９８３年から２００９年までの26年間、悲惨な内戦を体験します。

１９４８年にイギリスから独立を果たしたその翌年、当時、政府指導者だったソロモン・バンダラナイケ＊は、人口の7割を占めるシンハラ人が、少数派のタミル人の市民権、たてつづけに選挙権をはく奪するという暴挙を行ないました（シンハラ人優遇政策）＊。そして、公用語をシンハラ語に限る、仏

◆キャンディのバスターミナル。多くの人が行き交う。

＊出典：Ministry of Higher Education of Sri Lanka（２０１８）

教を準国教と定めるなど、シンハラ人仏教徒が社会的に優位になる、いわゆる「シンハラ・オンリー政策」を強行するのです。

当然、社会的に差別され、国民としても基本的権利を奪われたタミル人たちの間で不満がくすぶります。そして島の北東部に住むスリランカ・タミル人たちが、「タミル・イーラム解放のトラ（ＬＴＴＥ）」*という武装組織を結成し、国内での反政府活動を激化させていきます。

「タミル・イーラム解放のトラ」は、コロンボなどの大都市で無差別の爆弾テロを行ない、１９８３年に起こった「Ｂｌａｃｋ　Ｊｕｌｙ（暗黒の７月）」と呼ばれる騒乱をきっかけに、スリランカ政府軍と反政府軍が戦う内戦になります。この内戦は「アジアで一番長い内戦」といわれ、一時的な停戦期間をはさみながら１９８３年から２００９年まで26年間も続きました。

一時は、「タミル・イーラム解放のトラ」がスリランカ北東部のほとんどを支配し、実質的には、独立国のような状態になりましたが、最終的には、政府軍が「タミル・イーラム解放のトラ」の支配地域を制圧することで終結しました。

＊ソロモン・バンダラナイケ：1899年生まれ。1956年第4代首相に就任するも、1959年に暗殺された。その後、妻のシリマヴォ・バンダラナイケが政治家に転身し、1960年に世界初の女性首相となる。

＊シンハラ人優遇政策：英国統治の時代はタミル人が重用され、多数派のシンハラ人が虐げられていたことから、独立後、政府の指導者たちはシンハラ人の利益を優遇する政策を進めた。1956年の選挙で、シンハラ人優遇政策を進めてきたソロモン・バンダラナイケが圧勝すると、次期首相に就くシリマヴォ・バンダラナイケもその政策を引き継ぎ、より強固なかたちで進めていった。

＊「タミル・イーラム解放のトラ」（LTTE）：1975年設立。イーラムは「母国」を意味し、タミル人の独立国家を主張する。トラは、南インドのタミル族が築いたチョーラ王朝の紋章に由来。シンハラ人のシンハラはライオンの意味で、ライオンと戦うトラを象徴した組織名。

内戦では、多くのスリランカ市民が犠牲になりました。また政府側だったコロンボをはじめとする主要都市では「タミル・イーラム解放のトラ」による自爆テロが行なわれ、多くの市民が犠牲になりました。多くの北東部在住のタミル人が難民としてヨーロッパやカナダへと逃れました。内戦以前、タミル人の街だったジャフナ*の街は、廃墟のようになりました。

内戦中のエステート・タミル人

「タミル・イーラム解放のトラ」が誕生した1975年、それまでイギリス資本を中心に経営していたすべてのプランテーション農園が国有地になり、経営はシンハラ人に委ねられ、内戦中も紅茶プランテーションの経営は続き、農園タミル人（エステート・タミル人）たちは、さまざまなつらい目に遭ってきました。

爆弾テロや内戦の情勢によっては、街へ出かければタミル人ということでいわれのない差別を受けたり、ひどいときには警察に連行されることもあり、

*ジャフナ：島の北端にあり、スリランカ第2の都市だった。いまでは復興を遂げているが、欧米へと渡るタミル人も多くいる。世界で活躍するタミル系スリランカ人のひとりにラッパーのM.I.A.がいる。ロンドン生まれだが、両親がスリランカ人で、生後6カ月のときにジャフナに移住。父がLTTEに所属する有力な活動家となったため、11歳のときに母やきょうだいとともに難民としてイングランドへ渡る。父はいまも行方不明で、芸名のM.I.A.は、軍事用語 Missing in Action（行方不明）を意味する。

街中では危険を感じる状況でした。

たとえば、内戦中は全国に検問所が設置され、都市間の移動では必ず検問所を通らなければいけませんでした。ローカルバスでの移動も例外ではありません。コロンボやキャンディなどの都市に入る前にバスは検問所でいったん停車し、全員降ろされて検問所で国民IDカード*のチェックを受けるのです。国民IDカードには名前や住所が表記されています。タミル人とわかると、検問所の警察や軍から執拗にチェックを受けるのです。

また、爆弾テロがあれば、普段はとくに問題なく関係を築いているご近所さんや友人同士、クラスメイトなどでも、タミル人とシンハラ人の間には、気まずい雰囲気が生まれます。内戦はスリランカ国民全員に暗い影を落としていたのです。

スリランカ内戦はいわゆるスリランカ・タミル人で構成されている「タミル・イーラム解放のトラ」と政府軍との戦いではありましたが、スリランカ中央州などの山岳地帯の紅茶農園のエステート・タミル人たちにとっても苦難の日々でした。

◆内戦時代の遺構がいまも残されている。

＊国民IDカード：61ページ参照。

カーストによるエステート・タミル人への差別

第3章でも紹介しましたが、「エステート・タミル人」は、150年以上も前にイギリスがプランテーションを開拓する際、農園の労働力としてインドから連れてきた人びとの子孫です。現在もスリランカ政府の統計などでは、「インド・タミル人」として、おなじタミル人でも「スリランカ・タミル人」と区別されています。

セイロン島に移住してから、150年以上経っているのですから、もはや「外から来た人たち」とはいえません。それでも、1988年までスリランカ政府はエステート・タミル人に国籍さえ認めていませんでした。

実は、エステート・タミル人の多くは、国内でスリランカ社会の少数民族として差別されていることに加えて、ヒンドゥー文化のなかでカースト制による差別の名残もあり、社会的に弱い立場からぬけ出すことはかなり難しくなっています。カーストとは、ヒンドゥー教の身分制度で、その職業によって細かく分けられていますが、現在ではインドでも憲法で禁止されています。

エステート・タミル人の祖先は、南インドの小作農や土地を持てない農民などで、非常に貧しい暮らしをしていた下層のカーストでした。以前に比べれば形骸化しているとはいえ、インドから渡ってきたヒンドゥー教徒のタミル人の間には根強くカースト差別が残っているので、スリランカ社会のなかでもその差別意識がなくならないのです。違うカーストとの結婚はあまり多くありません。

スリランカのシンハラ人仏教徒社会では仏教が主要な宗教になっていて、ヒンドゥー教が根付いていません。なので、都市部ではカーストによる職業差別はほとんどありませんが、同じ民族・出自の人がかたまって居住している農園労働者の家系だとわかると、農園の外では差別されることは多いのです。

スリランカの中ではタミル人ということで差別を受け、タミル人社会のなかでも、インドの低いカーストの末裔《まつえい》だということでエステート・タミル人は二重の差別を受けるのです。

◆ヌワラエリヤ県の茶畑の中にある街、タラワカレ。道を行く人もタミル人がほとんど。

それでも、少しでもいい生活、高収入を求めて都市に出ていく人びとの流れは絶えません。一方、都市に出ていくことをためらう人も少なくないのが実際です。

エステート・タミル人の国籍問題

第二次世界大戦後、南アジアではイギリスの植民地だったインド、パキスタン、ビルマ（現ミャンマー）で、独立運動が高まり、それぞれが独立していきます。* さきほども紹介したように、スリランカでは1948年2月にイギリス連邦の自治領として独立を果たし、シンハラ人を中心とした国づくりがはじまりました。

その際、スリランカ国内では、プランテーション農園に住んでいる「エステート・タミル人」の国籍をめぐって大きな問題になりました。スリランカ政府は、エステート・タミル人はもともとイギリスによってインドから連れてこられた人びとの子孫なので、「彼らはインド人である」として、エステ

＊イギリスから独立したアジアの国ぐに：
1919年8月アフガニスタンの独立
1923年12月ネパールの独立
1947年8月インド、パキスタンの分離独立
1948年1月ビルマの独立
1948年2月スリランカの独立
1965年7月モルディブの独立

ート・タミル人の国籍取得を拒んだのです。

一方、インド政府は、エステート・タミル人の先祖がインド人だったことは認めましたが、彼らはスリランカ生まれのスリランカ育ちであり、「もはやインド人とはいえない」と主張しました。

国籍を与えるということは、選挙権などのすべての国民としての権利を与えることになります。シンハラ人が多数派を占める新生スリランカ政府は、タミル人の国政への影響力が強まることを警戒したのです。

スリランカが独立した後も、エステート・タミル人は長い間スリランカ国民として認められませんでした。無国籍ということは、政府の提供する行政サービスなどを受ける対象になりません。教育も、医療も、社会サービスも、プランテーション会社が提供するサービスに頼るほかありません。パスポートも取得できないし、大学進学も特別な手続きが必要です。

スリランカには国民ＩＤカード制度*があります が、出生証明書を適切に提出していないとカードを申請することもできず、進学や就職にとても不利です。

*国民ＩＤカード制度：さまざまな申請書類で使用する身分証明書。スリランカでは、たとえば現在では携帯電話の契約などにも必要。日本にはないが、おなじような機能をもつ国民ＩＤカードを発行している国は多い。

エステート・タミル人にスリランカの市民権が認められたのは、独立から40年後、１９８８年のことでした。インド政府とスリランカ政府の合意により、インドに移住するか、スリランカに残るかという選択を迫られ、約33万人のプランテーション農園労働者とその家族が、インドのタミルナドゥ州へと移住*していきました。

インドの最南端にあるタミルナドゥ州は、タミル語が話されている地域で、セイロン島との間は一番狭いところで約50キロの海があるだけです。同じタミル民族なので文化的、宗教的、経済的なつながりがあり、インドに移住することを選んだタミル人も多かったのですが、インドで新しい生活をはじめるためにはさまざまな苦難がありました。たとえば、新しい場所でゼロから農業をはじめたり、新しい移住地での、カーストのちがう周辺の村々とのつきあいなど、今までの生活では経験していなかったことをしなければならず、その苦労は想像に難くありません。

スリランカに残ると決めたエステート・タミル人たちは、スリランカ国籍を得られることになりましたが、手続きが煩雑なこともあり、多くの人が無

＊タミルナドゥ州への移住：栗原俊輔「農園労働者コミュニティから市民のコミュニティへ――スリランカ紅茶プランテーション農園に居住するエステート・タミルのスリランカ市民への道のり」宇都宮大学国際学部研究論集 no.38 (2014)

国籍のままでした。

国籍を取得してもしなくても、農園内にいる限り、彼らの生活は以前と変わりません。農園でお茶つみや工場作業をし、住宅も提供されています。農園内に病院や託児所、学校など最低限の施設はあり、無料で使えます。無国籍のまま社会に出ると大学進学やパスポート、車の免許などといった不利がありますが、そもそもスリランカ国籍を手に入れて都市に出ても、シンハラ人が多数派を占める社会では、差別を受けることはわかっています。

エステート・タミル人の国籍取得手続きは遅々として進まず、結局２００３年の時点でスリランカに住んでいるエステート・タミル人に自動的にスリランカ国籍を与えることになりました。このように国籍問題の解決は独立から55年も時間がかかってしまったのです。

「権利」を知らないエステート・タミルの人びと

国籍問題の解決は、スリランカ社会やエステート・タミル人の自主的な努力からのみ導かれたものではありませんでした。１９９０年代、国営だったプランテーションが民営化する際、当時の世界銀行や国際協力銀行（ＪＢＩＣ）*、アジア開発銀行などが支援を行なったことで、農園の内部の状況がはじめて明るみになり、国連をはじめとした国際社会が働きかけたのです。もちろんプランテーション労働者でつくる労働組合も、大きな役割を果たしてきました。

労働組合はイギリス植民地時代から結成されていて、労働者の権利の保護と獲得を目指し、労働者コミュニティの声を経営者側へ伝える唯一の代弁者でした。とくに無国籍だった時代には、労働組合が労働者と外部との唯一の接触点であり、労働関連以外の生活全般においても、農園コミュニティの代表者としての役割*を担っていました。

こうして最終的には、スリランカ国籍を与えられて市民権を得たエステート・タミル人ですが、いまだにスリランカ社会に受け入れられているといえない状況は続いています。たとえば、彼らが生活する農園の敷地は、プランテーション会社の「私有地」となっているので*、郵便物の受け取りは農園中

＊国際協力銀行：日本政府が１００％出資し、国家間の資金の移動に特化した政府系金融機関。公益性は高いが、民間の金融機関が融資を行なうにはリスクの評価が難しい分野への融資や投資などを行なう。２００８年にＪＩＣＡと統合。

＊労働組合の役割：１１５ページ参照。

＊農園の所有者：農園の敷地は国有だが、政府が各プランテーション会社にリース（賃貸）するというかたちになっている。農園経営の移り変わりについては、94ページ参照。

心部にある農園マネージャーの事務所までしか届かず、ＮＧＯなどが住民と活動するときも農園マネージャーの許可が必要になります。地方の行政官も、人口に比べて、割り当て人数がとても少ない状況です。

そもそも紅茶プランテーション農園がたくさんあるヌワラエリヤ県をはじめ、多くの地域でタミル語を話せる行政官がほとんど配置されておらず、スリランカ市民として、行政サービスを受ける権利があるのにもかかわらず、生活支援の補助金や生活保護などの情報さえ入ってこないのです。エステート・タミル人がスリランカ社会のなかで暮らし続けることができるような行政サービスや教育環境を整備するなどの社会支援が行なわれず、結局、農園で働き、農園に住み、農園から得られるサービス（住居や診療所など）に甘んじ、最貧困と呼ばれる地位*から脱することができません。

市民として、もっとさまざまな情報を得て、さまざまなサービスを活用することによって開かれる可能性があるかもしれません。保育や学校教育、語学教育や職業教育などの社会教育、それらを受けられるさまざまな補助金や支援金を受けられるかどうかは、子どもたちが進路を決める際の大きな分か

◆コロンボの高層ビル群。発展するスリランカ経済と、農園の経済的な格差は開くばかり。

＊最貧困と呼ばれる地位：このような社会的状況による貧困を「構造的貧困」と呼ぶ。

れ目になります。

市民としての権利を獲得できないのは、そもそも、彼らは自分たちが「市民としての権利」をもっていることさえ、知らないためです。彼らが劣っているからではなく、情報を提供されていないから「ない」のです。市民としての権利が得られない状態のままでは、昔ながらの農園労働を続け、貧困状態に甘んじるしかありません。

エステート・タミル人に対する根強い差別意識、人びとの価値観が変わるまでには、まだまだ多角的な対策と時間が必要です。

第5章
農園のコミュニティが抱える6つの問題

150年間変わらない生活

苦難の歴史を乗り越えて、現在はスリランカ市民として暮らしているプランテーション農園のタミル人たちですが、プランテーションの経営体制は変わっても、プランテーション制度の根本が植民地時代と変わらないまま引き継がれているために、さまざまな問題が浮き彫りになってきています。

広大なプランテーション農園で働き、農園内の住居で暮らし、農園内の託児所や学校に通い、診療所も学校も、小規模な商店も農園にあります。農園の中ですべてが完結します。

大人も子どもも、農園の外に一度も出ることなく、1日が終わってしまうのです。とても便利という見方もできますが、外の世界から完全に隔離されているのです。21世紀の現代社会では、外の世界と隔離された閉鎖的な社会は、さまざまな深刻な問題を抱えることになります。

スリランカのプランテーション農園の住民が抱えるのは、6つの大きな問

◆広大な茶畑で茶つみをする農園労働者たち。

題です。

①劣悪な住環境
②水・保健衛生
③アルコール依存
④家庭内暴力
⑤低い労働者の尊厳
⑥限られた選択肢

これらの問題は密接に関係し、相互に問題を複雑化させたり、別の問題を引き起こします。

①劣悪な住環境

農園労働者が住んでいるラインルームは、イギリスの植民地時代に建てられたものがいまだに多く、建物自体も設備も老朽化しています。農園労働者たちは、そこで150年前のイギリス植民地となんら変わらない暮らしをいまだにしているのです。

老朽化しているなら修理をすればいい、と考える人もいるかもしれませんが、１５０年前に奴隷同然で連れてこられた人びとに用意された住宅ですから、そもそも家族が住む住宅としては問題があるのです。

たとえば、住宅には都市ガスはおろかプロパンガスもありません。プロパンガスは設置が容易なのですが、お金がかかるので、普及しないのです。日々の食事づくりや暖をとるためには薪《まき》を燃やしています。

女性は、早朝から夕方まで茶つみをした後に、家で家族の食事をつくりますが、薪を使っての料理は、ガスよりもよっぽど時間がかかります。薪は南部にある天然ゴムのプランテーションから山間部の紅茶農園に運ばれてきたものを各ラインルームで管理し、各家庭に配付されます。

また44ページでも指摘したように、住宅にはトイレがありません。屋外に建てられた簡素な小屋にある3つ、４つのトイレを4~8世帯で共同利用しています。水浴び場も屋外で、囲いもありません。

コンクリートづくりですが、築１５０年ともなると、ひどい雨漏りがあり

◆ラインルームの台所。写っているのは老齢の農園労働者とその孫。

◆ラインルームの脇にある共同トイレ。

ます。部屋も狭く家族4人、多いと8人で生活しています。子ども部屋も夫婦のプライベートなスペースもありません。家庭内にプライベートな空間がもてないというのは、とくに子どもたちにとって、ふさわしい環境ではありません。農園内の住宅はほとんどがこのようなつくりをしているのです。

しかし、ただでさえ低賃金で働く彼らが、お金をためて自分の家でもないラインルームを修繕しようとは考えないでしょう。③で説明しますが、多くの労働者がアルコール依存状態にありますが、お酒に使ってしまうお金の節約をしようと考えるようになれば、いろいろな可能性が広がるかもしれません。農園労働者に家計の管理方法を教える必要はありますが、それは問題のごく一部にすぎません。

②水・保健衛生

山間部に位置する紅茶農園では、山に湧き出る泉の水を飲んでいます。用水路で泉の水を引いてきて、タンクに溜《た》めておき、共有の蛇口で水を使いま

◆ラインルームの玄関先。各家庭が使用している飲用の水をためた水がめが写っている。

◆ラインルーム遠景。

す。この水場が水浴びの場にもなります。お風呂につかる習慣がないので、汗を流して体の清潔を保つ重要な手段です。

山は天然の水がめですが、乾季のときは、水不足に悩まされる地域もあります。また泉といっても、それほど大量の水を溜めることが可能というわけではありません。

衛生の観点からも一番の問題はトイレです。トイレは屋外に建てられ、複数の世帯が共同でトイレを使用します。共同使用であること自体が安全や衛生を保障できないことですが、さらに、そのトイレがとても汚いのです。だれが清掃するかといった管理責任が不明確で、清潔に保たれていないのです。汚いトイレを避けて、外で用を足す人も少なくありません。屋外の、トイレでない場所で用を足すというのは、衛生上とても大きな問題です。水浴びも、水不足のときには、週3～4回しかできません。

③アルコール依存

◆共同水栓。ラインルームには水道がないので共同で水を使う。

スリランカ社会では、お酒を飲むことは、あまりよいこととされていません。戒律で飲酒が禁じられているイスラム教徒はもちろんのこと、エステート・タミル人が信仰するヒンドゥー教や、スリランカ社会に浸透している上座部仏教でも飲酒を禁じてはいませんが、一般的にスリランカでは人前でお酒を飲むこと、とくに女性が飲むことはあまりよくないという文化があります。*

しかし植民地時代の昔から、農園労働者の飲酒は問題になっていました。農園の中には娯楽施設がありません。大人がリラックスできるような場所、みんなで集まれる場所がほとんどないのです。苦しい労働の後、気分転換にお酒を飲みたいという人が多いことは理解できます。しかし、限度を超えて飲みすぎてしまう人が多いのです。

男性の仕事は午後2時ころには終わりますが、家に帰る途中で農園の外にある酒屋の脇で立ち飲みをしたり、家に帰ると買ってきたお酒を飲みはじめます。農園の女性が町のスーパーなどに、空瓶をもってお酒を買いに来ることもあり、女性の飲酒も珍しいことではありません。

*ヒンドゥー社会の女性：ヒンドゥー教では、男尊女卑の風潮がいまだに残る。女性がスリランカを訪れた際は、飲酒の機会を避けたほうがよい。

農園の人たちが飲むお酒はアラックというココナッツの蒸留酒です。甘口で、アルコール度数の高いものです。蒸留酒は簡単な装置でできるので、自宅で自家製アラックをつくる人もいます。密造酒*を飲む人は後を絶ちません。密造酒は、アルコールの質がとても悪く、悪酔いや、ひどいときには急性アルコール中毒で死に至ります。また、現地でカシプと呼ばれる、密造酒を飲む人もいます。

農園労働者では、男女問わずアルコール依存が深刻な問題です。男性労働者だけでなく、飲酒率の低い女性にも高い割合で依存状態がみられます。しかし自分が依存症と自覚している人もほとんどいません。アルコール依存症は、自分ひとりで治すことはできない病気です。しかし、農園には依存症の治療を行なえる医療設備もありません。NGOや政府の保健局などが啓発活動や、依存症と思われる人へのケアをしていますが、まだまだ少数です。

また自分の稼ぎをはるかに超えるお酒を飲んでしまい、家計が苦しくなる家庭も少なくありません。市販のアラックは350㎖の瓶で450ルピー（約270円）ですが、農園労働者の賃金は1日730ルピー（約430円）

＊密造酒：日本でもごく一部の例外を除いて、酒税法でアルコールの無許可製造は禁止されている。

◆農園の近くにある酒屋。仕事の終わる時間になると農園労働者もたくさん立ち寄り、酒を買っていく。飲酒をよいこととは思わない人が多いスリランカでは、酒屋は街はずれや目立たないところにある。

です。1本のアラックで1日の稼ぎの多くがなくなってしまうのですが、毎日お酒を飲む人も少なくありません。

また農園労働者の家庭では、家事労働のすべてを女性が担っているので、女性がアルコールに依存している状況は、家族にとって、その影響は計り知れません。

また身近にアルコール依存の大人がいる環境で育った農園の子どもたちが、将来おなじことを繰り返してしまうことは、想像に難くありません。改善に向けては、子どものときからの飲酒に関する教育や、アルコール依存症患者の治療施設が必要です。けれど、日々の労働のつらさ、低い賃金、将来へのあきらめなど、農園の人びとのおかれている環境が根本的に変わらないことには、アルコール依存の解決はありません。

④家庭内暴力

農園では、スリランカの他の地域と比較しても、家庭内での暴力や女性への暴力行為が多いことも深刻な問題のひとつです。

お金がないのにお酒に走る人が多く、それが原因になってけんかが絶えない家庭では、夫が妻へ暴力をはたらくことが少なからずあるのです。家庭内での暴力は、飲酒という行為が引き起こす悲しい結果でもあります。

飲酒癖がなくても家庭内で暴力をはたらく男性もみられます。その背景には農園内の暮らしの過酷さがあるのではないでしょうか。劣悪な住環境、ストレスがたまるつらい労働、将来が見えない生活……。夫婦げんかも家族はおろか近所中に丸聞こえです。そんななかで育つと、それが当たり前になってしまうのかもしれません。

⑤低い労働者の尊厳

農園の労働者に対する態度や扱いにも、大きな問題があります。植民地時代からの慣習で、労働者は農園内にある農園マネージャーの事務所に入ることができません。マネージャーに話があるときは、窓越しに話をしなければなりません。まるで封建社会のような慣習がいまだに残っています。

基本的に、プランテーション会社の社員であるマネージャーの言うことは絶対です。それが150年も続いているので、不満があっても表面的には従う態度を取ることがほとんどです。いわゆる建設的なコミュニケーションというものは存在しません。

労働者たちの不満が溜まるとストライキになることもあります。その日は働かず、労働者がみんなでマネージャーの事務所に来て不満をぶちまけます。ストライキで労働者が主張するのは、マネージャーの態度が悪いといった不満や、施設の改修の要求などが多いです。ただ、農園内での労働者数の減少もあり、ストライキの数は年々減ってきています。

労働者の賃金は、プランテーション成立の歴史的経緯などもあり、全国一律で決まっています。農園ごとの売り上げで賃金が違ってしまうと、労働者間での不満が生じるからです。2年に1回、政府、プランテーション会社、プランテーション労働者の組合代表の3者でベースアップを交渉します。労働者の要求どおりに賃上げが実現しないときなどは、それをきっかけにスト

◆コロンボへ出荷される高原野菜を水洗いする人たち。寒冷な地で水につかりながらの作業になる。

ライキになることも過去にはありました。

こうした労働環境は、とりわけ若者にとって農園の仕事には魅力を感じられない、将来に希望をもてない原因になっています。

⑥限られた選択肢

すべての悪循環の根本的な原因のひとつに、「選択肢の欠如」があります。コロンビア大学経営学教授のシーナ・アイエンガー*は、選択肢とは「人生を切り拓く」ものだと言います。自分で何かを決めることは、人生を豊かにし、幸福を感じられます。

もし、反対に選択肢が限られていたら――。農園に暮らす人たちは、まさに選択肢が限られている環境に置かれています。

たとえば、農園で生まれた子どもは、ラインルームから一番近い農園内の学校に通います。一番近いといっても、小学校まで険しい山道を1時間歩いて通う子どももいます。毎日往復2時間、雨が降ったら道はぬかるみ、歩く

＊シーナ・アイエンガー：コロンビア大学ビジネススクールの女性教授。経営学。両親はインドからの移民でシーク教徒。著書に『選択の科学』（文藝春秋、２０１４）がある。

だけでも一苦労です。時間までに学校へ行くのも難しくなります。

また、農園内に設置されているのは大抵、小学校と中学校だけです。2年制の高校を設置している農園もありますが、とても数が少ないのが現状で、高校に通うとなると、1時間以上歩いたり、バスに乗ったりして農園の外へ出ていくことになります。

コロンボやキャンディのような大都市はもちろんのこと、農園以外の農村と比べても、農園の子どもたちの中学卒業率、高校進学率は低いのです。* 中学を途中退学する理由や、高校に進学しない理由は、勉強についていけない、農園で労働者になるのなら高校は行く必要がないなどさまざまありますが、スリランカの社会でも中学と高校を出ていないと職業選択の幅が狭まってしまいます。

生い立ちを理由に希望の職業に就くことを簡単にあきらめることができるのでしょうか？　そもそも最初からそんなことは希望しなくなるのでしょうか？

学歴もなく、差別的な社会へ出ていくのは非常に高いハードルであり、結

◆通学中の子どもたち。舗装されていない道を1時間ほどかけて歩いて通う子どももいる。

＊農園の子どもたちの高校進学率：40〜50％といわれている。スリランカの教育制度については41ページ参照。

果的に農園労働者になるしか選択肢が残されていないことになり、現に、中学を卒業すると多くの子どもたちが農園労働者になっています。

少数ですが大学まで行く子どもたちもいます。* スリランカでは、小学校から大学まで授業料が無償ですから、勉強がとても好きで、成績がよければ、大学に進学することは不可能ではありません。

けれど、大学は、首都コロンボやキャンディといった大都市にあり、家を出て下宿をしなければいけません。大学に合格できるほど勉強ができても、下宿料や食事代、教科書代などのお金を工面できる家庭はごく限られています。貧困家庭出身の大学生のなかには奨学金*だけでは生活できず、簡単なアルバイトをする人もいます。

しかし、仮に大学を卒業しても、皮肉な結果が待っています。大学を卒業していれば、人生の選択肢は圧倒的に増えますが、「故郷で働く」ということは困難になってしまうのです。故郷の紅茶農園で求められているのは「農園労働者」で、高等教育で得た専門性や知識を必要とする仕事はないのです。

選択肢を狭めてしまう理由は、農園の生活環境だけではありません。農園

＊大学進学率：大学へ進学できるのは、2％程度と狭き門。

＊奨学金：プランテーション農園労働者の賃金は、少しずつ改善はしているものの、小学校のころから、教科書代などの工面ができない低所得家庭には、政府から奨学金が支給される。

の大人たちには、教育の必要性について理解が少ない人がまだ少なからずいるのです。

どうせ大学なんて行けない、中学を出てこの農園で働けばいいじゃないか、そう考えている親に育てられた子どもたちは、勉強に取り組む意欲をそがれてしまいますし、自分で将来を選択するという意識がなかなか生まれません。

最近では、農園労働者は大変だから、中学を卒業したら農園を出て、都市で仕事を見つけろという親も出てきていますが、農園の子どもたちには「選択肢」がないのです。

第6章

植民地時代の遺物になっているプランテーション

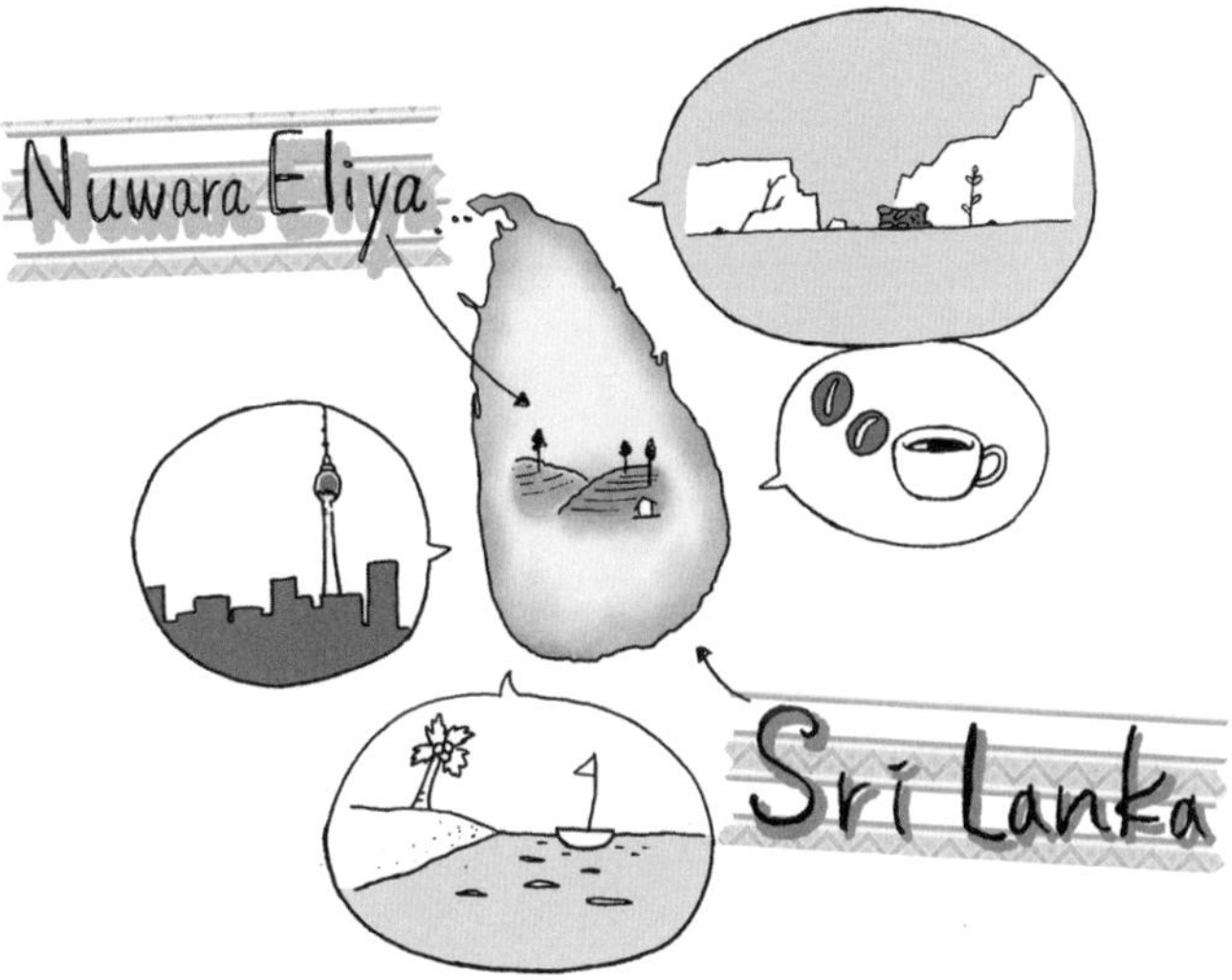

海外輸出のための紅茶生産のしくみ

第1章で紹介したとおり、日本は、紅茶のほぼ100%を輸入していますが、その7割はスリランカ産のセイロンティーです。コンビニやスーパーで気軽に手に入るペットボトル入りの紅茶飲料も、多くがセイロンティーを使っています。

下の表を見てください。スリランカは世界第4位のお茶の生産国です。日本の茶生産（おもに緑茶）も8位ですが、スリランカのほうが断然生産量が多いのです。

北海道の面積の8割程度の国土で、国内消費の何倍もの紅茶が生産され、海外へ輸出されていますが、そもそも、スリランカ人はイギリスが紅茶栽培をセイロン島に持ち込むまで紅茶を飲んでいませんでした。

では、スリランカの紅茶は、どのよう経路で日本のわたしたちの手もとに届くのか、消費国である日本側から見てみましょう。

◆茶の生産国

国名	千トン
1. 中国	1,924
2. インド	1,200
3. ケニア	436
4. スリランカ	343
5. トルコ	227
6. ベトナム	185
7. インドネシア	152
8. 日本	84
9. アルゼンチン	78
10. ウガンダ	58
11. マラウィ	46

出典：FAOSTAT　2013年

◆女性たちがつんだ茶葉は写真のように袋づめされトラクターで工場まで

通常、わたしたちはスーパーや小売店で紅茶を買ったり、カフェやファミリーレストランなどで飲んだりします。紅茶愛好者のなかには高級な紅茶を紅茶専門店などで買う人もいますが、カフェで飲む紅茶の値段は、コーヒーや炭酸飲料などと比較しても特別高いわけではありません。

飲食店は、小売店や仲卸店を通して、紅茶を仕入れ、小売店は、卸し会社（貿易会社や商社）を通して紅茶を仕入れます。飲食店がスリランカから直接、茶葉を買うことは通常ありません。

日本の卸し会社*（貿易会社や商社）は、スリランカで紅茶の輸出業をしている業者から仕入れます。紅茶の取引はオークション制*になっています。

紅茶価格を決めるのはだれ？

スリランカの経済や文化の中心地コロンボに、紅茶オークション*の会場があります。コロンボの紅茶オークションは世界の紅茶産業の中心的な存在で、世界中の紅茶価格を決めるといわれるほど、重要なオークション会場です。

＊日本の卸し会社：貿易会社や商社が紅茶を輸入し、小売店に販売する。ブローカーとも呼ばれる。

＊オークション制：入札制ともいう。商品を買いたい業者が希望価格を提示し、一番高い価格を付けた業者が落札することができる。

＊紅茶オークション：世界には、コロンボ以外にインドのコルカタ、ケニアのモンバサ、インドネシアのジャカルタなどに紅茶のオークションがあるが、なかでも、コロンボのオークションは、1883年からの長い歴史をもち、世界の紅茶産業の中心でもある。

スリランカ国内のブローカーと呼ばれる仲買人が集まり、スリランカ各地の農園から運ばれた紅茶を競り落としていき、それを欧米や日本、中東などへと売るのです。

オークション会場には、スリランカ国内のすべてのプランテーション会社が製造した紅茶が出品されます。これは、スリランカの法律でプランテーション会社が製造した紅茶は必ず、オークションを通して売買*しなければいけないと定められているからです。この法律は、紅茶の価格を安定的にコントロールしたいという政府の意向によるものです。

紅茶の流通を見ていくと、わたしたちに届くまでにさまざまな業者が介在していることがわかります。そして、ある人びとが介在していないこともわかります。

スリランカと日本の間の紅茶の取引の流れには、生産者が見当たりません。彼らは「生産者」ではなく「労働者」だからです。彼らに茶葉を販売する機会も、紅茶の価格を決める権限もありません。

オークションで決まった紅茶の価格によって、プランテーション会社の利

◆紅茶が消費者に届くまで

女性労働者が茶葉をつむ
↓
農園内の工場で茶葉を紅茶に加工し出荷
↓
仲買業者がオークションで購入
↓
国際市場で輸出業者が購入
↓
仲介業者から紅茶メーカーに販売
↓
紅茶メーカーでブレンドされ製品化
↓
消費者の元に届く

＊紅茶の売買：収穫された紅茶の10％以下であれば、各会社で自由に扱ってよいとされている。

益が決まり、紅茶農園の労働者たちは、オークションでの紅茶の価格はおろか、海外でいくらで販売されているのかを知る由もありません。

世界にあるプランテーション農園

おさらいになりますが、世界中にプランテーションができたのは、いまから１５０年ほど前、19世紀のことです。イギリスやオランダ、フランスをはじめ、ヨーロッパの国ぐにはアジアやアフリカなどを植民地化する際に、その土地や気候に合った作物を生産し、本国の食料事情を改善されたり、新たな貿易商品を得ようとして、大規模な農園を開拓しはじめます。

たとえば、イギリスはスリランカのとなりのインドでは紅茶を、マレーシアでは、紅茶やアブラヤシ*を、南太平洋のフィジーではサトウキビを栽培する大規模農場をつくりました。

これらのイギリスによるプランテーションには、ある特徴があります。マレーシアやフィジーで労働力として使われたのは、スリランカとおなじよう

＊アブラヤシ：パームオイルの原料になる。

に南インドから連れてこられたタミル人だったのです。そもそも植民地政策という統治の制度が、人権意識からほど遠い支配制度だったため、プランテーションで働いている労働者には「人権」というものがありませんでした。

農園労働者の賃金

イギリスが経営していた当時から、労働者の賃金はスリランカのプランテーション農園であればどこでも一律同額でした。もし、農園ごとに労働者の賃金が違ったら、労働者は、少しでも賃金の高い農園に移動したいとクレームになったり、労働組合も強く賃上げを求めることでしょう。しかしプランテーションは、その農園で生まれ育ち、先祖代々おなじ農園に住み、働きつづけることを前提にしています。労働者が自らの選択で農園を選ぶようになると、プランテーション制度が成り立たなくなってしまいます。

また基本的には男女とも同一の賃金です。しかし労働時間は、茶つみをする女性は朝から夕方まで、肉体労働をする男性は午後2時ごろまでと異なる

◆午前と午後につんだ茶葉を計量する。

ため、労働時間の点からみると実質的には差があるといえます。

しかし、これは経営側の一方的な都合に過ぎません。だれだって少しでも高い収入、よい労働環境を求めるものです。そこで、１９９２年のプランテーション民営化からは、スリランカ政府、プランテーション会社、プランテーション農園の労働組合の３者間によって、２年に１回、賃上げを実施するという協約を交わしています。

賃上げ額は、物価や、単純労働者クラスの公務員の賃金などを参考にしながら、３者の交渉で決定するしくみになっていますが、それでも農園労働者の賃金、労働環境は一般労働者の水準にまで改善されていないのが現状です。

実は、スリランカのプランテーション会社の半分近くが、赤字経営といわれています。紅茶の価格はオークションで決まるので、世界の紅茶価格が低迷すると、会社は赤字になります。またセイロンティーの落札の価格は２０００年以降上昇傾向ではありますが、そもそものコストがかかりすぎていることが赤字の原因です。植民地時代から変わらない労働者を抱えた生産システムは、今では人件費という形でのしかかり赤字になってしまうのです。だ

◆茶つみのあいまの休憩。大鍋で湯をわかし紅茶を飲むが、器は菓子の空き袋や空きビンを代用する。

◆左上は1907年に撮影されたスリランカの紅茶農園の労働者（The National Geographic Magazine, April, 1907）。右下は2011年に筆者が紅茶農園を訪れた際に撮影した女性労働者。その光景は驚くほど変わっていない。

からといって賃金を下げることもできません。全農園で同じ賃金だからです。

プランテーション制度は、もともと現地や周辺の地域から連れてきた低賃金労働者を前提にした生産システムです。スリランカの紅茶プランテーション農園も、南インドのタミル人を連れてきて、農園の中に住まわせて、効率よく農産物を生産するしくみでした。労働者家族の最低限の生活保障を整備したのはそのためです。19世紀から託児所が完備されたのは、植民地政策が進歩的だったということではありません。子を持つ夫婦でも男女とも働くことが前提だったので託児所が併設されたのです。その制度が、大きな改善もないままに続いているのです。

19世紀と違い、現在は世界中どこでも、だれでも、自分のやりたいことを目指すことが当たり前な時代です。それを妨げ、強制的に働かせることは公にはできません。それはスリランカ政府もプランテーション会社もわかっています。それでも、おなじ状態が続いているのです。

プランテーションの経営形態の移り変わり

農園労働者たちの不遇とも思える生活や、子どもたちに選択肢のない生き方しか与えられない農園社会の問題は、農園で暮らす彼らだけで解決できるものではなく、当然農園経営者たちも大きな責任を負っています。

まずは、農園経営の移り変わりを見てみましょう。

1975年、スリランカのプランテーション農園は国営化され、土地も国有地になりました。その後、1992年にプランテーションの分割民営化があり、現在、スリランカのプランテーション農園はほとんどが民営化*されています。

しかし、民営化された後も、土地は国有地のままです。プランテーション会社は、国から土地を借りている形になっています。スリランカの法律では、土地の所有者とその土地内の建物の所有者は同一人でなければならないという決まりがあり、この法律に従うと農園のラインルームは、国の所有物であ

◆水を汲む女性。家の中に水道がない生活は、じつに不便だ。

＊農園の民営化：一部の採算性の低い農園のみ、いまも国営（プランテーション公社）のまま残されている。

り、その管理も国がしなければならないのです。実は、プランテーションが民営化されたときに、ラインルームの所有者、管理者はだれなのかが問題になったのですが、いまだに決まっていません。

そのため、第5章でも説明したとおり、プランテーション会社は住宅の修理・修繕に消極的です。また、住民たちも自分のものでもなく、だれの所有物であるのかがわからない建物に住んでいることになりますから、自分たちで生活環境を改善しようと思わないのです。

そもそも半分近くの会社が赤字の状態で、ギリギリまで経費削減を行なっているような状態です。賃金を大幅に上げて、住環境も改善してほしいといわれても、会社が応じることは不可能でしょう。広大な山岳地帯にあるプランテーション農園に機械を導入して、効率化を図るような投資も見込めません。むしろ、以前は農園内に数カ所あった紅茶工場を1カ所に統合したり、複数の農園がひとつの工場で製茶したり、マネージャーのほかにアシスタントマネージャーが複数駐在していたのを、1人にしたりしているほど厳しい経営状態なのです。

◆お茶をつんだあとに、計量をする。カゴには10kgの茶葉が入っている。

仮に紅茶農園の子どもたちがみんな高校や大学に行くようになったら、いったいだれが農園労働をするのでしょうか。子どもたちはさまざまな可能性や選択肢を求め、農園労働者が少なくなっていくことは自明です。プランテーションという制度は、そんなジレンマと矛盾を抱えているのです。

プランテーションを維持したいのはだれ？

19世紀、植民地化とともに世界中に広がったプランテーションは、第二次世界大戦後、世界中の植民地が独立してもなお、多くの国でそのシステムが残りました。経営者が自国の資本家に代わったケースや、旧宗主国の企業がそのまま運営しているプランテーションもあります。スリランカでは、戦後しばらくイギリスの企業が経営を続けていました。

農園労働者を一生涯、農園の中に縛り付けて、利益を最大限にすることを目的に考えられたプランテーションは、時代遅れの遺物でしかありません。また、紅茶の価格が先進国の消費者の動向を基準に変動するオークション制

◆農園内の商店。農園近くに住む人が生活雑貨や野菜、フルーツを販売している。

では、そのしわ寄せが農園労働者にいってしまいます。紅茶の取引値段が下がるとプランテーション農園の経営が赤字になり、そのしわ寄せが労働者の福利厚生に影響します。

スリランカでは現在、紅茶プランテーション農園の一定の土地を労働者に貸与し、各自茶栽培から茶つみまでを行なう制度を一部で導入しはじめました。これはアウトグローワー制度と呼ばれ、アフリカでは小規模農家の生産性と収入向上を目指して実施している国もあります。しかし、スリランカの農園労働者はそもそも農家ではないため、肥料や農薬等も含む茶の栽培法全般を一から学び、貸与された土地を自ら管理し、一定の収穫を得るのは簡単ではなく、あまり浸透していません。

農園が健全に運営され、農園の労働者の暮らしが成り立つようになるには何が必要なのでしょうか。

◆コロンボのデパートで売られている海外からの観光客向けの紅茶は、美しい缶に詰めて売られている。

第7章

紅茶農園の子どもたちにも夢がある

経済成長を続けるスリランカ社会

２００９年、26年にもおよぶ内戦が終わると、スリランカは平和に暮らせる国へ、豊かな暮らしが可能な国へと目覚ましく発展していきます。最大都市コロンボは、いま、企業向けの高層ビルや富裕層、外国人向けの高層マンションの建設ラッシュです。スリランカの人びとは、都市の発展ぶりを見て、将来に希望をもちはじめています。

スリランカは、イギリスの植民地時代の１９３１年にはアジアではじめて女性の参政権を認めた普通選挙を実施し、１９６０年には世界初の女性首相を生み、１９９４年には女性の大統領が登場しているという進んだ国でもあるのです。

事実、経済成長率は２０１７年には３・３％、国民ひとりあたりの国民総所得（ＧＮＩ）*も３８５０米ドル（約42万３５００円）へと急成長していますす。世界銀行*の調査による貧困率も２０１３年の15・４％から２０１７年の

＊ＧＮＩ：Gross National Income。かつてGNPと呼ばれていた国民総生産と同様の概念。居住する者が、国内外から1年間に得た所得の合計を示す。国内ＧＤＰ（国内総生産）は、国内の年間生産品・サービスの付加価値の合計。

＊世界銀行：「Sri Lanka Development Update」２０１９年2月14日。（https://www.worldbaank.org/en/news/feature/2019/02/14/sri-lanka-development-update-navigating-sri-lanka-demographic-transition）

９・７％と大きく減少しました。

ただし、経済成長の真っただ中にあるスリランカでも、社会的格差の拡大への対策が急務になっています。経済成長のなかでも、高原地帯に広がる紅茶プランテーション農園は昔となんら変わっていません。

唯一、変わったといえるのは、通信環境ぐらいでしょうか。農園でも携帯電話が使える、インターネットに接続できるようになりました。スマートフォンを持っている若者もとても増えています。フェイスブックやインスタグラムをやっている若者もいます。これまでは、農園から近くの町や村まで行って電話をかけていたのです。通信環境の変化は農園の暮らしに大きな変化をもたらすことでしょう。

子どもたちの夢

そうしたスリランカ社会の変化のなかで、農園の子どもたちは今、どんな将来を夢見ているのでしょうか？

◆コロンボの下町、ペター地区。商店が並び、買い物をする人びとが行き交う。

２０１８年、現地を訪問した際に、筆者の勤める大学に飾るためにスリランカの農園の学校に通う小学校１、２年生に、大人になったら何になりたいかを、絵で描いてもらったことがありました。ほとんどの子どもが学校の先生や医者などの将来像を描き、農園労働者になりたいと描かれた絵はありませんでした。

農園で生まれ育った子どもの周りには農園で働く大人しかいません。子どもたちは、大人たちが紅茶農園で毎日朝早くから一生懸命働いている姿を見ていても、だれも農園労働者になりたいとは思わないのです。魅力的な農園労働者がいないとは言いませんが、農園で働く大人たちに、子どもたちは憧れていないのです。とても残念なことですが、それが現実です。

別の生き方を望む子どもたち

年齢が上がるにつれ、自分の学力や興味などを見つめながら、将来の希望が少しずつ現実的になります。「自分は何がしたいのか」「自分はいま何がで

きるのか」と考え、「こんなことをしてみたい」「こんな勉強をしたい」と、具体的に考えられるようになるのです。

農園の子どもたちも、テレビやインターネット、農園外で働いている親せきなどを通して、農園の外がどんな世界かを知るようになり、もっと勉強をして、自分がやりたいことを見つけたいと考える子が増えています。

しかし、高校がある農園は少なく、高校を卒業しても大学へ進学する子はほとんどいません。２００１年の国勢調査では、農園地域の識字率は75・1%で、全国平均の91・1%を大きく下回っていました（次ページ表）。農園の子どもたちの教育レベルは、ほかの地域に比べて低く、中学卒業で農園労働者になる子が多いという状態は依然として変わっていません。

子どもたちが十分な教育を受けることによって、将来の選択肢を増やし、希望する職業に就ける日が来るかもしれません。そのためには、紅茶農園という特殊な環境にいても、農園労働者以外の職業に就いて活躍しているロールモデル*（「手本」）が必要なのかもしれません。お手本が増えれば、自分に合った選択肢がどれなのか、具体的にイメージでき、それを目標にして進ん

◆子どもたちが描いた「夢」。

＊ロールモデル：たとえば、プレ・スクールや学校の先生、医師、歌手、ファッションモデルなど、子どもがなりたいと思っている活動をしている実際の人物。

▼スリランカの地域別識字率（Census of Population and Housing, 2001）

都市	識字率					
	合計平均	性別		地域		
		男性	女性	都市	郊外	農園
18県平均	**91.1**	**92.6**	**89.7**	**93.4**	**91.7**	**75.1**
コロンボ	94.7	95.3	94.0	93.3	96.4	82.0
ガンパハ	95.4	95.7	95.1	93.7	95.7	88.0
カルタラ	93.2	93.7	92.6	93.6	93.7	77.5
キャンディ	90.5	92.4	88.7	94.7	91.2	74.6
マータレー	88.3	90.2	86.4	93.9	88.5	75.7
ヌワラエリヤ	82.6	87.6	77.7	92.9	88.9	76.6
ゴール	92.3	93.2	91.5	94.9	92.5	64.3
マータラ	90.3	91.9	88.9	95.9	90.8	53.3
ハンバントータ	88.9	90.9	87.0	93.6	88.9	57.2
アンパラ	85.9	88.9	82.9	88.9	85.2	—
クルネガラ	92.7	93.9	91.5	94.8	92.7	81.0
プッタラム	90.7	91.2	90.3	88.3	91.0	82.2
アヌラダプラ	90.5	92.0	88.8	96.0	90.0	96.4
ポロンナルワ	90.0	91.2	88.7	—	90.0	93.2
バドゥッラ	85.2	88.9	81.7	93.8	87.1	75.8
モナラガラ	86.0	88.1	83.8	—	86.2	77.2
ラトナプラ	88.4	90.4	86.2	94.3	89.8	72.3
ケゴール	91.4	93.0	89.8	94.6	92.5	75.0

でいくことができます。

植民地時代と違って、現代社会では、個人の自由が保障されています。どんな職業に就くか、どんなふうに働くかも自由です。農園労働者になってもいいし、学校の先生になってもいい、医者にもなれるかもしれない、親のしていた仕事を継いでもいいし、自分で起業してもいい……、このようなコミュニティに変わるにはどうしたらよいのでしょうか。

親たちの願い

農園の大人たちはどう思っているのでしょうか？　大人たちも、自分たちの仕事を好んでしているわけではないようです。重労働のわりには、賃金は安い。きれいなトイレが家の中にほしい。薪《まき》ではなくプロパンガスで調理ができるようになれば、家事労働の負担は軽くなります。自分だけの時間をすごせる部屋もほしいでしょう。

また、農園マネージャーからの一方的な指示に大人たちも嫌気がさしてい

◆プレ・スクールとよばれる。日本の幼稚園にあたる施設。最近は託児所（クレッチ）のあとに3歳または4歳でプレ・スクールに通わせることができる農園も増えた。

ます。
　けれど、働かないわけにはいきません。農園の人びとは、このような状況に「慣れた」*と言います。しかし「慣れた」という言葉は、あまり前向きな表現では使いません。もし、農園での労働や農園のラインルームが快適な環境なのであれば、農園の親たちも子どもたちにも農園で働いてもらおうと思うかもしれません。

　２０１５年、農園の大人たちの意識調査をしたことがあります。１００人の農園労働者にインタビュー*したところ、「自分の子どもにも農園労働者として働いてほしい」と思っている人はひとりもいませんでした。予想してはいましたが、衝撃的な結果でした。農園労働者以外ならどんな仕事でも構わない、という回答も複数ありました。

　無職でいる青年たちも、もちろん仕事を得て働きたいと思っています。しかし、前に述べたダルクシャンくんのお父さんのように、子どもには農園労働者以外の仕事をしてもらいたいと思っている人が大半であるいま、無職でも、まずは農園外の仕事が見つかるまでは家にいるということにも、むしろ

＊「慣れた」：51ページ参照。

＊インタビュー調査：「Perception of Work and Life in the Tea Plantations」栗原俊輔、２０１８年。

◆お祭りのお供え。ヒンドゥー教は各家庭でこのようにお供えをする。

理解がある状況が、いまの紅茶農園コミュニティです。

働かない若者たち

農園労働には就かず、他の仕事を探す若者の数も年々増加してはいますが、農園内はもちろんのこと、農園周辺でも、それほど多くの仕事があるわけではありません。そもそも農園のあるスリランカの高原地帯は、プランテーションが開拓されるまでは、森林が広がっていたところで、大きな街もそれほどありません。

都会に出ても、資格や技能をもっていないと希望の仕事が見つかることはまれなのです。農園出身のエステート・タミル人であることが知られて差別されないか、びくびくしながら働くのもつらいことで、結局は農園やその周辺で仕事を探そうとする若者が多いのです。

一方で、農園労働に就かず、無職のまま農園で生活する若者は急増しています。農園労働者になるくらいなら無職でいるほうがまし、と考えているのです。けれど、無職でいる青年たちも、もちろん仕事を得て働きたいと思っています。農園に住んでいるタミル人は、１００年以上前に南インドから連れてこられた、低いカーストの末裔《まつえい》だとされていますから、いまだに差別され、農園経営者側の労働者に対する態度も横柄なのです。

そんな農園で働くなら、農園を出るか、無職でいようと考える若者がいても不思議ではありません。

コロンボのＯＤＡ機関で働くパラムさん

しかし、まだわずかですが、農園の出身者のなかにもロールモデルになる人びとが出てきています。

パラムさんは現在38歳。ヌワラエリヤ県の紅茶農園で生まれました。小学校の低学年までは、はだしで農園内の小学校に通いました。勉強が大好きで、いつも朝から勉強をしていました。彼の住んでいたラインルームには電気が通っていなかったので、暗くなると勉強ができません。だから朝早く起きて勉強しました。

高校生だった17歳のとき、大学に行きたいと両親に打ち明けましたが、両親は大反対。高校卒業までは認めるが、そのあとは農園で働けと言われたのです。

しかし、パラムさんはあきらめませんでした。高校は近くの町までバスで通い、受験勉強をしました。両親もその熱意に折れて、大学に行くことを認めました。

でも、もちろんそんな金銭的余裕はありませんので、奨学金をもらうことが条件でした。大学進学のためのスリランカの統一テスト*を受け、見事希望の大学に合格することができました。

政府の奨学金も受けることができ、無事に入学しましたが、奨学金だけでは下宿代、生活費などが足りません。家庭教師をして生活費を稼ぎ、4年制の大学を修了しました。卒業後は国際NGOのプロジェクト・スタッフとして働きはじめ、その実績を評価されて、いまは現地職員としてコロンボにある海外政府系のODA実施機関で働いています。

＊統一テスト：正式には一般教育資格Aレベル試験（G．C．E．A／L試験）といい、合格すると大学入学資格が与えられる。日本でいうセンター試験のようなもので、毎年8月に行なわれる。近年では全国の高校2年生をはじめとした12万人程度が受験し、7万人程度が合格するが、実際に大学に進学するのは2万人程度である。スリランカには15の国立大学がある。

パラムさんが受けた差別

順調に進んでいった成功物語のようですが、その努力は並大抵なものではありませんでした。

パラムさんにも差別がつきまといました。差別というのは、常に具体的な被害にさらされるというものではありません。何かのきっかけで、クラスメイトのたわいない一言で傷ついたり、職場での同僚たちのちょっとした言動で差別されていると感じたといいます。

たとえば、パラムさんが農園出身者と知らずに、友人や同僚たちがエステート・タミル人を蔑むような発言をするのは珍しいことではありません。パラムさんはそのたびに傷つき、自分が農園出身と言えなくなってしまいます。それを言ってしまうと、かえって彼らを傷つけるかもしれない、と考えているのです。

パラムさんからのメッセージ

紅茶農園の学校に通っていたころのわたしは、農園外で暮らす同世代の学生たちと、そんなに変わらない学力があったと思っています。しかし、情報やさまざまな機会に触れることは限られていました。これが、その後の選択肢と将来を左右します。

教育は、わたしの関心を外の世界に向けさせたもっとも大きな要素です。とくに、小学校と中学校は、貧しい生活から脱するための大切な時間です。その後の高等教育や職業訓練へと進む基礎となるのです。

現在の農園コミュニティの状況で考えると、早いうちから熟練技術を習得し、自営業をするのもよいかもしれません。それが、経済的にも安定した、尊厳のある暮らしへとつながっていきます。

第8章

子どもたちが人生を選択できるようになるために

マレーシアやフィジーに移住したタミル人たちの選択

マレーシアやフィジーでも、イギリスが南インドに住んでいたタミル人を移住させてプランテーションを開拓をしたことを紹介しましたが、その状況はスリランカの紅茶農園とは大きく異なります。最たる違いは、いまやそのプランテーションで働くのが、タミル人の子孫ではないことです。労働者の多くは、バングラデシュやインドネシアから出稼ぎにきている人びとです。

もともとプランテーション労働者だったタミル系の人たちの子孫は、マレーシア国内に分散して、他のマレーシア人とおなじ暮らしをしています。農園を抜け出るという「選択肢*」を手に入れたのです。

マレーシアでは、経済発展とともに、農園内に労働者とその家族を代々住まわせることのコストが大きくなっていきました。そして結果的に、タミル系の人たちは徐々に農園の外で暮らすようになっていったのです。

フィジーでも、国の発展にともない、インド系農園労働者の子孫が経済力

*選択肢：スリランカでは、タミル系の人びとが国籍を与えられた際に、30万人以上の人びとがインドに移住した。タミル人の国籍については63ページ参照。

をつけてきました。農園からタミル系の住民が、よりよい暮らしを求めて抜け出すこともありました。しかし、国土が狭く、人口が少ないフィジーではインド系*の人びとが市街地に移り住んだことで、フィジー人との人口比率が変わり、民族間の摩擦*の原因になってしまいました。文化も言葉も違う民族が、ある地域に大量に流入すると、さまざまな影響をもたらすのです。

しかし、インド系の人びとが南インドからの移住者の末裔《まつえい》だからといって、本人たちの意向を無視して全員をインドに返すことは、強制に過ぎません。１００年以上も前の歴史的出来事ですから、マレーシアやフィジーで生まれ育ったインド人にとっては、その地がふるさとです。

労働組合の役割

スリランカには、農園労働者のための労働組合が数団体あります。なかには第二次大戦前から活動している組合もあり、エステート・タミル人の労働条件向上やスリランカにおける市民権の獲得に労働組合が大きな役割を果た

*インド系：フィジーはタミル系だけではなく、ウルドゥー語話者やヒンディー語話者もいるので、「インド系」と呼ぶ。

*民族間の摩擦：移住を「強制」させるような政策を進めると、旧住民とのトラブルが起き、数世代にわたる影響をもたらすことがある。

したことは事実です。しかし、農園労働者の人口が減少し、農園に住んではいても農園労働者ではない住民とのつながりが弱く、労働組合が大きな力をもっているとはいえません。

労働組合以外に頼れる存在というと、政治家、政党ということになります。実際、エステート・タミルを中心に結成された政党がいくつか活動しています。ただし、エステート・タミル人の要求を実現することを目標に掲げる政党もジレンマを抱えています。

もし、農園に住むエステート・タミルの人たちが普通の市民とおなじように選択肢を持ちはじめて、高等教育を受け、それに合った仕事を探して、農園の外に住む人が増えると、農園コミュニティを基盤とした政党の支持基盤はぜい弱化してしまいます。

これがエステート・タミル系の政党がもっとも恐れていることで、エステート・タミルの人たちにはいつまでも農園に住んでいてほしいと願っており、農園の住民の願いと必ずしも一致していないのです。

◆茶葉を紅茶工場へ運搬する男性労働者。1日2～3往復する。

青年指導員が勉強を教えるプロジェクト

一方で、紅茶プランテーション農園の人びとが、自分たちでよりよい生活環境を切り開いていくことを支援する国際的な活動がはじまっています。

たとえば、宇都宮大学国際学部の筆者の研究室では、ＪＩＣＡ＊（国際協力機構）の「草の根技術協力支援事業」の資金を受けて、２０１８年２月から農園にある３つの小学校で、「スリランカ 紅茶農園の小学校課外活動活性化プロジェクト」に取り組んでいます。また、このプロジェクトを含む、スリランカの紅茶農園のコミュニティを支援する取り組みを「ＵＵ―ＴＥＡプロジェクト」と称して、国内でも活動をしています。

この「課外活動活性化プロジェクト」は、３つの小学校の2年生と3年生にあたる6～7歳の子どもたち、約１５０人を対象に、週2回、授業が終わったあと、算数と英語、タミル語の指導をしています。いわゆる学童補習です。現地ではアフタースクール・プログラムと呼んでいます。授業の復習や

＊ＪＩＣＡ：正式名は独立行政法人国際協力機構。日本の政府開発援助（ＯＤＡ）を一元的に実施する。外務省の所管に属する。

宿題の指導を通して、自分で勉強をする習慣をつけることを目指す、3年間のプロジェクトです。

この「課外活動活性化プロジェクト」のアフタースクール・プログラムで子どもたちを教えるのは、青年指導員として研修を受けた農園の若者たちです。高校卒業後、農園外の仕事を探していたり、無職のままでいる18〜25歳くらいの若者たちに呼びかけ、アフタースクールの運営方法についての研修と、算数や英語、タミル語、図工などの教授法と2種類の研修を受けてもらいます。

最初に各科目1週間程度、その後は定期的に毎年研修を行ないます。運営方法については、現地パートナーであるNGO「セワランカ」*が担当し、運営方法の一環としてコミュニケーション能力研修などは、外部の専門家に委託しています。

教授法については、政府教育局のハットン地域事務所の教員免許を持っている職員たちが、研修を担当してくれています。スリランカの教育省が定めている教育要領に沿った内容となっています。あくまでも、補習や宿題をす

◆「課外活動活性化プロジェクト」に参加した子どもたち。アフタースクールで使った風船の残りをあげたら、やはり大人気。

る習慣づくりがアフタースクールの目的なので、そのときに習っていることのおさらいをし、それを家で自分で学習するための支援をしているのです。若者たちが青年指導員となり、定期的に教授法の研修を受けることにより、彼らの技術も向上します。子どもたちのロールモデルになることでしょう。

教える側の青年たちの成長

「課外活動活性化プロジェクト」は、子どもたちの学力を伸ばすことも目的にしていますが、指導員になった若者たちがリーダーシップを発揮したり、住民の間で教育について考える機会を増やすことも重要な課題だと考えています。プロジェクト目線のなかでも、直接受益者が農園の若者、間接受益者が子どもたちです。

「課外活動活性化プロジェクト」の青年指導員の養成や青年指導員の研修内容づくりは、現地のNGO「セワランカ」と宇都宮大学国際学部がパートナーシップを組んで行なっています。セワランカのハットン事務所は、農園

＊セワランカ：スリランカの現地NGOのなかでも2番目に大きいNGO。全国でコミュニティ開発や貧困削減の活動を行なっている。そのなかのひとつがハットン事務所で、紅茶農園コミュニティへの生活環境改善事業を長年実施している。先述のように、アルコール依存や家庭内暴力など、農園独特の問題に対しても、ワークショップなどを行なっている。

コミュニティの生活環境改善を目的に草の根レベルの、コミュニティ開発などの活動をしています。

研修内容は、アフタースクール・プログラムの運営方法、算数と英語の教え方、子ども向けの心理カウンセリングの学習などが中心です。

プロジェクトの開始から2年5カ月経った時点（2020年7月現在）で3つの農園を合わせて、90人の若者が青年指導員の研修を受けました。青年指導員は無償のボランティアです。

農園の若者たちが、青年指導者の研修を受けることによって、自分たちで何かを計画し、地域のために何かをはじめるということを体験し、将来のリーダーが生まれてくることを期待しています。

外の世界とのつながりを増やす

「課外活動活性化プロジェクト」が継続し、子どもや青年たちが未来の可能性を広げていくという成果を出すためには、地元の教育関係者、行政、親

◆「展示会」の準備。スリランカでは「展示会」と呼ばれる子どもの絵や工作、手芸などの発表会をよく行なう。

たちの協力が不可欠です。対話の場所として定期的に保護者会が各学校で開催されています。

保護者会では、アフタースクール・プログラムでの子どもたちの様子を伝えたり、子どもが家で宿題をしているか親も確認をしてほしいと協力を求めたりしながら、教育の大切さなどを話しています。県の教育局の担当官にもエステート・タミル人がいて、保護者会に出席し、コミュニティの発展、とくに子どもたちの将来を住民と一緒に考える場になっています。

わたしたちが保護者会を重視する一番大きな理由が、親たちに子どもたちの将来を考えてもらうことです。ほとんどの親は、いまの環境には満足せず、子どもたちにはもっと幸せになってほしいと願っています。日々の暮らしに精一杯のため、結局、子どもたちは労働者になればよい、高校なんて行かなくてよいと考える人や言う人たちも、いまだに少数ながらいます。日々の生活が苦しいのは理解していますが、子どもたちのことをもう少し、長い目で見てください、と保護者会では話します。

もちろん、そう簡単に物事は進みません。６畳２間の住居に、家族で住ん

◆プロジェクトでの保護者や教員への説明会。

でいるので、勉強をするのも大変です。少しでも勉強できるように、保護者の理解を得るために、保護者会を開くのです。保護者会の運営も若者たちが行ないます。

青年たちが子どもたちのロールモデルに

「課外活動活性化プロジェクト」のなかから、子どもたちのロールモデルになるような若者が生まれることが願いです。一生懸命勉強すれば、目の前にいるお姉さん、お兄さんたちのように、子どもたちに勉強を教えられるようになる、その先に学校の先生になるという将来像を見ている子どももいます。

青年指導員は無償のボランティアですから、ずっとこのプログラムにかかわることはありませんが、彼ら自身がさまざまな研修を受けたことが、仕事を見つける際の有利な条件になると思っています。

手に職をつけることで、必ずしも輝く将来が訪れるとは限りませんが、若

◆宇都宮大学の学生たちが訪問し交流。イスとりゲームはとても盛りあがった。

者たちに対する継続した支援と彼らの自主性が、「選択肢の欠如」を埋める契機になることを期待しています。

農園の子どもたちが学校で勉強し、友だちと遊ぶことで、将来を考える力を身につけていきますが、学年が上がるにつれて、自分たちの将来の選択肢が限られていることに気づいていきます。いまは限られているかもしれないけれど、高校で学ぶことで選択肢が少し広がるかもしれない、そう考えられるような環境づくりを、プロジェクトは果たそうと思っています。

勉強して大学の先生になった!

まだ、ごく少数ですが、さきほど紹介したパラムさんのように大学を卒業して国際的に活躍する人や、大学の先生になったエステート・タミル人もいます。スリランカにはオープン・ユニバーシティ*という、日本でいう放送大学のような通信制の大学があります。オープン・ユニバーシティ大学の人文学部のチャンドラボース教授はエステート・タミル人です。

＊オープン・ユニバーシティ：コロンボに本部がある。本部と地方にある支部で、スクーリングを受けながら単位を取得する通信制の大学。
http://www.ou.ac.lk/home/

親は農園労働者で、高校を卒業し、国内の奨学金を得て、インドのタミルナドゥ州チェンナイにある大学に入学しました。社会学を専攻し、修士号を取得して、スリランカの紅茶プランテーション農園の人びとの貧困問題をどうやったら解決できるのかを長年研究してきました。

その後、博士号を取得して、スリランカに帰国し、オープン・ユニバーシティで教えています。まだまだ特別な例ですが、さまざまなロールモデルが誕生していけばと思っています。

◆チャンドラボーズ先生が宇都宮大学を訪問。現地の状況をくわしく話してくれた。

第9章

わたしたちにできること

フェアトレードの限界

生産者たちの貧しさや危険な状況を変えるための新しいしくみとして、NGOなどによって世界中の先進国の消費者と途上国の生産者との間で、さまざまなフェアトレード*が取り組まれています。フェアトレードは、生産者と消費者の公正な取引を目指すもので、先進国の消費者が正当な対価を払い、生産者がそれを得られるようにするしくみです。とくにコーヒーやチョコレート、コットンなどではフェアトレードが進み、実際に効果があがっている例もあります。

しかし、スリランカの紅茶プランテーション農園の労働者の暮らしを向上させるためには、フェアトレードのしくみは効果を発揮しません。なぜなら、農園のエステート・タミルの人たちは生産者ではなく、労働者だからです。

たとえば、オランダのNGOは自分たちの団体が販売した紅茶の売り上げの何%かをプランテーション会社に寄付して、農園の生活環境改善の資金に

＊フェアトレード：「公正な取引」と直訳されるように、生産者と消費者の間の仲買などをできるだけ省いて、生産者がより公正な利益を得られるようにしたシステム。現在ではいろいろな組織がフェアトレード商品を扱ったり、小売店などでもコーヒーやチョコレート、綿製品など、各種のフェアトレード商品が販売されている。これに加えて認証型フェアトレードというものもあり、生産環境や収入・買取価格などいくつかの指標をクリアした製品を認証し、そのラベルを貼ることによりフェアトレードとして認めている。

するというフェアトレードの取り組みを行なっています。お金の受け取り窓口は会社で、各農園のマネージャーが、お金を有効に使っていると報告されていますが、必ずしもお金の使われ方が透明ではなく、農園マネージャーが住民と相談せずに使い道を決めることも少なからずあります。

農園内に居住しているけれど、農園労働者ではない住民も多くなっているので、「農園コミュニティ」全体の向上につながる、教育の機会や職業選択の幅を広げるアイデアの必要があると考えています。

実はスリランカにも認証型の紅茶のフェアトレードに取り組む組織が入っています。エシカル・ティー・パートナーシップ*というイギリスに本部を置く組織です。スリランカをはじめ、ケニアやインドネシアなど、世界のおもな紅茶生産国に事務所を置いています。

おもな取り組みは、農園の労働環境の改善です。今後は農園に住んでいる人びとの暮らしの改善にも取り組むことが期待されています。

＊エシカル・ティー・パートナーシップ：Ethical Tea Partnership（ＥＴＰ）
http://www.ethicalteapartnership.org/country/sri-lanka/

隠れた紅茶の街・宇都宮からの発信

いま紅茶プランテーション農園で働く人びとがもっとも望んでいるものは、広い意味での子どもたちの将来の「選択肢」を広げることです。

彼らが選択肢を広げるためには、わたしたちがもっとスリランカの農園労働の状況を「知る」ことが大切です。生産者の顔は、こちらから見ようとしない限り見えません。

見ようとする努力とは、想像することや実際に状況を調べること、そして何か小さなことでもやってみることです。まずは、現地の状況を周りの人に話してみること。小さなことの積み重ねが人びとの意識を変え、最終的にはプランテーション制度という社会構造の変革に影響すると思います。

宇都宮大学では、「課外活動活性化プロジェクト」を手がかりにして、さまざまな取り組みをはじめています。実は、宇都宮市は紅茶の消費量が全国上位の「紅茶の街」で、気が付かないところで宇都宮市とスリランカの紅茶

◆茶つみの合間の休憩。家でつくってきたカレーとロティ（ナンのようなもの）を昼ごはんとして軽くつまむ。

農園はつながっているのです。

現地での活動と同時進行で、宇都宮大学のある栃木県を中心に、紅茶の生産者コミュニティのことをより知ってもらうために、「UU—TEAプロジェクト」の学生広報委員会を結成しました。委員会には50名ほどの学生が参加しています。

JICAの草の根技術協力支援事業を、県内に発信したり、学内でニュースレター*の発行、ポスター掲示などの広報活動をしています。また、現地から送られてくる写真や宇都宮での活動をインスタグラムにアップしています。*公開されているアカウントなので、世界中の紅茶に関心をもつ人たちが見てくれています。インスタグラムを見ることによって、現地の状況が具体的にわかり、エステート・タミルの人たちの暮らしを知ることができます。

現地の生産者と日本の高校生・大学生の交流

こうしたインターネット発信に加えて、現地と直接交流をする活動もはじ

◆現地を訪問した宇都宮大学の学生たち。

＊ニュースレター：現地での活動を英語でレポートしてもらい、それを翻訳して記事に仕立てている。

＊「UU—TEAプロジェクト」インスタグラム：アカウントは@uu_tea_srilanka

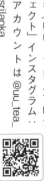

めました。それほど頻繁にはスリランカには行けませんし、農園の子どもたちもそう簡単には日本には来られませんが、現代社会ではインターネットという強いコミュニケーションツールがあります。

ネットを通じた交流は、栃木県立佐野高校の生徒と宇都宮大学の学生が協働で行なっていて、紅茶農園の小学生たちとつながっています。佐野高校はスーパーグローバルハイスクール（ＳＧＨ）に指定されており、国際交流が活発に取り組まれていますが、書道の披露や英語での交流などが行なわれています。スリランカでは、イギリスの植民地だったこともあり、日本よりも英語が浸透しています。子どもたちとも英語での交流が可能なのです。

ＵＵ－ＴＥＡでは、日本の茶産業をスリランカの紅茶農園の人たちに紹介しようという活動もはじめました。栃木県は日本の商業用緑茶で北限の生産地のひとつで、鹿沼市*、大田原市の黒羽地区*なども「茶どころ」として有名です。

日本とスリランカ、６０００キロ以上離れているにもかかわらず、おなじ植物が育っているというのは何とも不思議であり、ロマンがあります。紅茶

◆ネットを通して現地と交流をする佐野高校の生徒たち。

＊鹿沼市：「板荷茶」をブランド化しＰＲしている。

＊大田原市黒羽地区：「黒羽茶」をブランド化しＰＲしている。

農園の子どもたちにも、広い世界を見てもらいたいと願っています。

紅茶から食に少し広げて

日本の食料自給率は、カロリーベース*では驚くほど低い37%*です。ごく簡単にいうと、1食の食卓の総カロリーの63%分を外国産の輸入食材に頼っていることになります。幸いなことに緑茶はほぼ100%自給していますが、紅茶は一部をのぞいてほぼ100%海外から輸入しています。

わたしたちの食生活の安全、食料の安全保障を考えるうえで、食料自給率は非常に重要なことです。世界の人口は拡大する一方で、地球温暖化による気候変動の農業への影響や水資源の枯渇などによって、世界的な食料不足が予測されているのです。60%以上のカロリーが賄えない国は、危機的な状態にあるといわざるを得ません。

なぜ、ほぼ紅茶が100%輸入に頼っているかというと、第1章で説明したように1971年に紅茶の輸入が自由化され、あっという間にスリランカ

*カロリーベース：「日本食品標準成分表2015」に基づき、重量を供給熱量に換算したうえで、各品目を足し上げて算出。これは1人・1日当たりの国産供給熱量を、1人・1日当たりの供給熱量で割り算したものに相当。

*37%：平成30年度、農林水産省。1人・1日当たり供給熱量（2443kcal）÷1人・1日当たり国産供給熱量（912kcal）=37%

やインドなどの安い紅茶が日本の市場を席捲《せっけん》したからです。当時から、日本で生産するより安価であったわけです。

紅茶以外の食料はどうでしょう。野菜や果物も日本で生産できるのに、輸入に頼っているものも多いです。日本国内で生産すると、人件費などのコストがかかるかため、安価な外国産の食料を輸入するという構図ができあがっています。

外国産の農産物がなぜ安いか、農産物生産の裏にはどんな暮らしがあるのか、想像してみることが大事です。

スマート・コンシューマーになる

そもそもわたしたちは、日々の生活の食材がどこから来ているのか、だれがつくっているのかを、あまり意識することもありません。ましてや外国産の食材については、衛生的な現場で加工されているかや原材料は何なのかなど、安全性にばかり目がいってしまいがちです。海外の生産者がどんな暮ら

◆折り紙で船をつくってみた。鶴よりも簡単で、しかも使って遊べるので大人気！

しをしているかについて、ほとんど想像することなどないでしょう。

生産国の人たちの貧しさを生み出す社会構造が変わらない限り、根本的な変化を望むことはできませんが、それでも紅茶の生産に携わるエステート・タミルの人たちの問題に対して、わたしたちにできることはあるはずです。

生産者側の暮らしを想像することは、わたしたちの生活そのものも豊かにすることです。食の安全が叫ばれながらも、食料自給率がとても低い日本では、わたしたちの食に対しての意識を変える必要があります。自分の口に入るものの安全だけでなく、それを生産している人たちの安全も想像すること、そしてどのようにしたら、食の生産が安全になるのか、食料の生産・加工に携わる人びとの暮らしが豊かになるかを考えることによって、持続可能な社会をつくっていくことができます。

食の安全は、農作物の生産にかかわる人びと、その加工、流通にかかわるすべての人びとの暮らしと安全を守ることによって、実現します。

もっと広い視野で市民同士のつながりを

もはや日本国内だけでは、日本人の生活を維持できない現代社会になっています。スリランカをはじめ、さまざまな国から食料を輸入し、外国人の助けを借りて、国内の働き手を確保する。今後もこの流れが変わることはないでしょう。

こうした関係をＷＩＮ─ＷＩＮなもの（互いにメリットのあるもの）にすることが重要です。グローバルな社会を生きる市民として広い視野をもち、想像力を働かせることが必要です。グローバル化が進んだ現在であれば、海外でどのように紅茶が生産されているのか、想像することは以前よりも容易になっています。

ＳＤＧｓ（持続可能な開発目標＊）という言葉を聞いたことがあると思います。国連が提唱している、持続可能な社会を目指すための17の目標です（次ページ図参照）。

＊ＳＤＧｓ：Sustainable Development Goals（持続可能な開発目標）の略。２０１５年から２０３０年までの長期的な開発の指針「持続可能な開発のための２０３０アジェンダ」に記載された国際的な開発目標。「誰一人取り残さない（leave no one behind）」をスローガンに、17のゴール・１６９のターゲットから構成されている。２０１５年９月の国連サミットで採択。

そのなかには、スリランカの紅茶プランテーション農園の人びととの生活の質を向上させることになる目標があります。

たとえば、「①貧困をなくそう：あらゆる場所で、あらゆる形態の貧困に終止符を打つ」や「④質の高い教育をみんなに：すべての人に包摂的かつ公平で質の高い教育を提供し、生涯学習の機会を促進する」「⑤ジェンダー平等を実現しよう：ジェンダーの平等を達成し、すべての女性と女児のエンパワーメントを図る」、そして「⑩人や国の不平等をなくそう：国内および国家間の格差を是正する」「⑫つくる責任、つかう責任：持続可能な消費と生産のパターンを確保する」などです。

これら以外にも、直接的・間接的に関係する項目も含めると、実に半分以上の項目が当てはまります。国際社会が呼び掛けるこうした行動のなかに、わたしたちにできることがあります。

◆SDGsの17のゴール。

◆茶園の子どもたちとのイスとりゲーム。ルールをすぐに理解し、大盛りあがりだった。

あとがきにかえて

スリランカの紅茶プランテーション農園での生活は、みなさんが想像するものとは違ったかもしれません。毎日、雨が降っても、体調が優れなくても、お茶つみや茶葉の運搬……、老いてもなお、おなじ作業の繰り返し。不衛生な生活環境で展望もなく単調な日々を、ときにアルコールに依存しながら送る人びと。子どもたちも、学校は楽しいけれど、大きくなり将来を考えると、〝明るい未来〟を自ら選ぶことができないことを知り、つぎの世代もそのつぎの世代も親世代とおなじように農園労働者になってきたのです。

本来子どもが未来に大きな可能性を抱く権利は、日本でもスリランカでもおなじようにもっています。しかし、可能性を広げられるかは、その子どもの育つ環境が大きく影響します。大人になって教師になりたいと思っても、スリランカの茶畑に生まれた子どもたちのほとんどは、そもそも大学や教員養成学校に行って、学ぶ機会がないのです。

紅茶を生産するには、19世紀からほどんど変わらない、これまでどおりのプランテーション経営がもっとも効率よく、経済的にも一番利益があるのだから正しいと考える人がいるかもしれません。しかし、その経済効率のために、農園の子どもたちの将来が犠牲となっていることを、同時に考えるべきなのです。それはとてもアンフェアな状況であることに、気づいてほしいのです。

紅茶プランテーションをめぐる現状には、２つのアンフェアがあるといえます。

ひとつは、スリランカ国内の生活環境の格差です。この問題に対しては、いまはスリランカ政府も力を入れて支援しています。

そしてもうひとつは、生産者側コミュニティと消費者側コミュニティのあいだの生活環境に大きな隔たりがあるということです。生産者がつんだ茶葉を購入しているのはグローバル企業であり、その紅茶を飲んでいるのはわたしたちを含めて世界中の人びとです。

もし日本の農家の方々が、ろくに水道も完備していない、8畳の部屋に家族6人で住み、子どもたちも中学を出たら農作業に明け暮れるとしたら、どのように思いますか？　わたしたちは、スリランカの紅茶プランテーション農園の問題に、消費者として責任があるのでしょうか？　あるとしたら、どんな責任ですか？　それを明らかにすることが、解決への一歩です。

わたしたちには、直接的に紅茶農園の子どもたちの問題を解決することは難しいかもしれません。しかし、農園のおかれたアンフェアな状況に対して、日本で紅茶を消費するわたしたちもかかわっています。彼らの存在を知ったいま、彼らとさまざまなかたちでつながることはできます。

21世紀になったいまも不平等なシステムで働き、社会から差別的な待遇を受け、未来の選択肢も限られ、貧しい暮らしに甘んじている人びとがいて、しかもわたしたちと無関係ではないという重い事実を、どのように受け取めるのかはあなた次第です。

この事実を忘れたり知らないふりをするのと、しっかりと受け取めるのとで、その一杯の紅茶の味は大きく変わってくることでしょう。

【参考文献】

外務省「JAPAN SDGs Action Platform」

https://www.mofa.go.jp/mofaj/gaiko/oda/sdgs/about/index.html

角山栄『茶の世界史――緑茶の文化と紅茶の社会』中公新書（２０１７）

栗原俊輔「農園労働者コミュニティから市民のコミュニティへ――スリランカ紅茶プランテーション農園に居住するエステート・タミルのスリランカ市民への道のり」宇都宮大学国際学部研究論集38号（２０１４）

栗原俊輔「バリューチェーンと労働者をめぐる一考察――スリランカ　紅茶プランテーション農園労働者の付加価値と貧困」宇都宮大学国際学部研究論集40号（２０１５）

シーナ・アイエンガー『選択の科学　コロンビア大学ビジネススクール特別講義』文春文庫（２０１４）

Ian H. Vanden Driesen『The Long Walk: Indian Plantation Labour in Sri Lanka』Prestige.（１９９７）

Department of Census and Statistics - Sri Lanka

（http://sis.statistics.gov.lk/statHtml/statHtml.do?orgId=144&tblId=DT_POP_SER_267&conn_path=I2#）

KURIHARA, Shunsuke “Perception of Work and Life in the Tea Plantations: From a perception and awareness survey towards plantation work and life of Estate Tamils on the tea plantations of the Upcountry Sri Lanka” 宇都宮大学国際学部研究論集 no.45（２０１５）

■著者紹介

栗原 俊輔　くりはら・しゅんすけ

宇都宮大学国際学部准教授
1967 年生まれ。
1990 年、専修大学経済学部経済学科を卒業。その後渡米し、2000 年、米国 School for International Training を修了（Master's Program in International and Intercultural Management）。2013 年横浜国立大学国際社会科学研究科にて博士号（学術）取得。
国際 NGO「CARE USA」のスタッフとして、長年スリランカの紅茶プランテーションの労働者を支援するプロジェクトに携わり、その後 JICA の専門家としても、スリランカで勤務。労働者コミュニティを中心に、途上国での構造的貧困への有効な支援方法、および国際社会や先進国消費者側コミュニティの効果的なかかわり方を研究し、2014 年より現職。
共著に『スリランカを知るための 58 章』（2013 年、明石書店）がある。

装丁：守谷義明＋六月舎
巻頭・トビライラスト：けっけ

ぼくは６歳、紅茶プランテーションで生まれて。
スリランカ・農園労働者の現実から見えてくる不平等

2020年8月30日　第1刷発行

著　者　栗原　俊輔
発行者　坂上　美樹
発行所　合同出版株式会社
東京都千代田区神田神保町 1-44
郵便番号 101-0051
電話 03（3294）3506　FAX03（3294）3509
ＵＲＬ：http://www.godo-shuppan.co.jp
振替 00180-9-65422
印刷・製本　恵友印刷株式会社

■刊行図書リストを無料送呈いたします。
■落丁乱丁の際はお取り換えいたします。

ISBN978-4-7726-1430-6　NDC360　148 × 210